動物の言い分 人間の言い分

日高敏隆

角川oneテーマ21

JN227798

動物の言い分　人間の言い分

日高敏隆

角川oneテーマ21

目次

まえがき

世の中にびっくりすることはいろいろあるが、もうずいぶん昔、あるオランダ人と虹《にじ》の話をしたときの驚きを、ぼくは今もよく憶《おぼ》えている。

「虹は七色だから……」とぼくがいったら、その人は「え？ 虹は五色でしょ？」というのである。ぼくはすぐ答えた。「いや七色ですよ。赤《せき》、橙《とう》、黄《こう》、緑《りょく》、青《せい》、藍《らん》（あい）、菫《きん》（すみれ）、これで七色でしょ」。すると彼はいった。「赤、オレンジ、黄、緑、青。これだけですよ」「じゃあ、あいやすみれ色は？」「それは青が濃いだけです」。つまり、オランダでは虹は五色だというのである。

考えてみれば、光の色なんて連続したものだ。どこで区分けするかはこちらの概念の問題である。日本ではそこに七つの色を分けて見、オランダではあいもすみれ色も青に含めて五つに区分けしているだけのことなのだ。

それ以来ぼくは、ものの分け方とか区別とか、名前のつけ方とか、要するに人間があるものにどのような概念を与えるか、その根本にある論理はどういうものか、ということにますます興味を感じるようになった。

そのつもりで動物のことを見ているとじつにおもしろい。たとえば人々はサケ（鮭）とマス（鱒）を区別する。だがいろいろ調べてみると、そんなはっきりした区別はないのである。もともと区別がないものが、どうして区別できるのだろうか？　しかもこれは虹の場合とは異なって、日本でも西洋でも同様なのだ。

ハリネズミはネズミではない。ネズミとは全然ちがう食虫類という仲間である。ネズミとは生き方の論理がまったくちがう動物である。しかし人間は、ハリネズミはネズミの一種だと思っている。ネズミのくせにミミズを食う、おかしなやつだと思っている。

こういう論理とか概念とかいう観点から動物を見たらどういうことになるか、それを試してみることにした。

やってみるとなかなかおもしろい。それぞれの動物はそれぞれの論理で生きていて、その論理はしっかりしている。それと対照的に、人間の論理はかなりあやしげなところもあることがよくわかった。

二〇〇一年春　　日高敏隆

動物たちの生き方

動物たちには、種それぞれに生き方がある。ネコにはネコの生き方。彼らは群れないで一匹（一人？）で生きている。ぼくたちのいうことをなかなか聞いてくれないのはこのためだ。でもまぁ、ぼくは、ネコのこの自由な生き方が好きなのだが。一方、犬の生き方はネコの対極にある。犬はオオカミ系の祖先をもち、群れで獲物を追っていた。群れにはリーダーという存在があり、彼らはリーダーに忠実である。リーダーを無視したら獲物を得ることができない。それはすなわち死を意味する。飼い主をリーダーとみなす犬は、それゆえに飼い主に忠実なのかもしれない。

ヘビやムカデ、魚にペンギン——。彼らの生き方をひもといてみると、奇妙な中にも理にかなったわけがある。まずは動物たちの生き方を覗《のぞ》いてみよう。

ネコ

ネコとは変な動物である。

こっちを向いてじっと見ているから、手を差し出して「おいで、おいで」と呼んでみる。まず絶対に寄ってくることはない。イヌだったら、すぐしっぽを振ってかけ寄ってくるだろうに。

じゃあ一体、なんでこっちを見つめていたんだと聞きたくなる。もちろん聞いてみたって答えない。

テレビの上に座りこんだネコが、そばを通りかかったぼくらのほうを見て、ニャアと鳴く。抱きあげてほしいのかと思って手を伸ばすと、あわてて逃げていく。

だまって抱きあげられることもあるが、二秒もしないうちに、いかにも迷惑そうにあばれだし、腕からすり抜けて立ち去ってしまう。さっき鳴いたのは何だったんだよ？

万事がこの調子だ。

これを理解するのはなかなか大変である。

ネコたちをじっと見ていると、ネコがほかのネコに声をかけていることがある。けれど、呼びかけられたネコがその声を受けて、近づいていくという場面はみられない。

いや、近づいていくことはもちろんあるのだが、どうやらそれは、呼びかけられたネコが、もともとそう思っていたから寄っていったのであって、呼ばれたからそれに応《こた》えて近寄っていったのではないらしいことが、しばらくネコを見ているうちにわかる。

ネコはイヌとちがって単独性の動物である。群れをなすということは本来ない。いわゆるネコ屋敷かそれに近いほどたくさんのネコが飼われている家で、ネコたちが集団をつくるのは、彼らにとってはあくまでやむなくのことである。

本来、ほかのネコと一緒にいたくないのだが、飼い主がどこからか次々とネコを連れてきてしまう。前からいるネコにしてみれば、きわめて不愉快なことである。しかし、ここにいれば、こわい野良ネコや野良犬は入ってこない。餌《えさ》もちゃんとくれる。安全と餌がある以上、ここから出ていくのはやっぱり損だ。そこでネコたちは我慢してその家にとどまることになる。けれどほかのネコとの折り合いはつけなくてはならぬ。彼らは互いに「疑似親子」関係をつくりあげることによってその目的を達している、というのがネコの遊びや共同保育を研究した大川尚美《なおみ》の説である。

本来的に単独性で集団をつくらないネコという動物には、リーダーはいない。集団でいるわけではないから、リーダーの必要性もないのである。

だからネコにはリーダーのいうことを聞こうとする素質もない。自分が思ったときにだけ、ある行動をすればよいのだ。

だからネコは、人間のいうことを聞いたりはしない。自分が欲するときには人間に近寄っていくが、いやになったらさっさと行ってしまう。イヌとはまったく対照的である。


ネコたちはよく眠る。ネコ（寝子）という名もそこからきたといわれている。ところがネコは一見眠っているように思えても、正体なく眠りこんでいることは少ない。だらしなく眠っているようにみえても、彼らはまわりの様子をたえずキャッチしている。

そのときに使うのは耳である。眠っているネコも、何か音がすると、ピクッと耳を動かす。たいていの野生動物と同じく、眠っていても、耳だけは起きているのである。

野生動物にかぎらず、イヌのような家畜でもそうだ。いや、人間でも同じことである。やっと赤ちゃんを寝かしつけて、ほっとして居間かキッチンへ戻ろうとするとき、ついうっかり何かにぶつかって音を立ててしまう。とたんに赤ちゃんがクァーと泣きだしてがっくり、という経験をもつ人は多かろう。

ネコは物音にことさら敏感で、でれんと寝ているネコのそばに、たまたま一匹のハエが飛んでくる。とたんにネコはとび起きて、ハエをつかまえようとする。

ネコはイヌのように鼻が利かない。あたりの様子をキャッチするのは、もっぱら目と耳によっている。

一方、イヌは目や耳よりも鼻すなわち嗅覚《きゅうかく》にたよっている。塀の外をほかのイヌが通ったとしよう。塀にさえぎられてその姿は見えない。けれど、イヌはにおいですぐそれを知り、ワンワンと吠《ほ》え始める。

同じ状況だったら、ネコにはもう一匹のネコの存在はまったくわからない。しかし、塀の外のネコが道に落ちている新聞紙でも踏んで、かすかにカサッという音でも立てたら、塀の中のネコの耳はピクッと動き、何かが外を歩いていることを察知する。ただし、ネコは地上や床にあるものは慎重に避《よ》けて歩き、不用意にその上を歩いたりすることはない。

Cat and Dog

犬はふしぎな動物である。何千年いやもっと昔から、人間に連れそってきた。今では人間というより、個人個人のかけがえのない伴侶《はんりよ》になっている。

子どもにとってもそれは同じことらしい。イギリスの動物行動学者兼ジャーナリストのデズモンド・モリスの書いた『年齢の本』（平凡社）によると、人間の子どもは二歳になってはじめて、「四足の動物がすべて犬なのではない」ということに気づくそうである。

それまではいくら大人が教えても、子どもが手にとれる四足の動物のぬいぐるみはみんな「ワンワン」になってしまうという。

これは世界じゅうで同じらしい。日本ではワンワンになるのが、イギリスではたぶんdoggy かなにかになるのだろう。とにかく世界じゅうで同じく犬になってしまう、というのがおもしろい。なぜワンワンでなく「ニャンニャン」にならないのだろうか？

人間と犬のこの特別な関係の起源については、いろいろな人のいろいろな説がある。動物行動学の開拓者とされるコンラート・ローレンツは、『人イヌにあう』（至誠堂）という本で彼なりの説を展開している。

この本でローレンツが述べているのは次のようなことだ。はじめ、犬の祖先であるオオカミやジャッカルは、人間どもが狩りをして獲物をとらえ、それを住み家《か》に持ち帰って食べたあと、食べ残りを近くに捨てることを知って、人間たちのあとをつけてくるようになった。そのうちに、いつごろからかは知らないが、彼らは人間の先に立って、人間どもを獲物に先導し、そしてそのあともついてくるようになった。こうして、彼らと人間との協力関係ができあがっていった。

そのうちに彼らは人間の近くで生活するようになり、オオカミもジャッカルも、「犬」になっていった。だから人間と犬との関係は、牛や馬の場合とはちがって、どちらがどちらを飼いならしたというようなものではなく、最初から互いに依存しあう関係であったのだとローレンツは強調するのである。

これはほんとうにそうかもしれないとぼくは思う。今日の人間と犬との関係は、どうみても特別なものである。人間と犬の依存関係は、はじめから存在していたのかもしれない。

ローレンツの説への批判や疑問や反論は、犬の祖先がオオカミとジャッカルの二つであったということに対してである。ローレンツはこの考えに固執し、今日の犬にもオオカミ系の犬とジャッカル系の犬がいると主張した。彼自身は忠誠心の強いオオカミ系の犬を好んでいた。もともと彼は「忠誠」というものが好きだったらしい。「忠誠心」のないネコを、彼は嫌っていた。

それはともかく、犬という一つの家畜が、オオカミとジャッカルという二つのまったく異なる種に由来するという想定はどうみても奇妙である。今のブタにはイノシシ系と牛系がいるというようなものだ。ローレンツものちに自分の説を撤回し、今では犬はオオカミが飼いならされてさまざまな品種を生じたものとされている。

人間はじつにさまざまな犬の品種をつくりだしてきた。それはまさに、自分の望む性質をもったものに目をかけて、そのようなものを選択して育種してきたからにほかならない。このことはチャールズ・ダーウィンが進化論を唱えるにあたって、「人為淘汰《とうた》」ならぬ「自然淘汰」という概念を抱くうえできわめて基本的な発想源となった。

人間は特定の個人の護身犬としてのブルドッグもつくったし、いくつかの牧羊犬もつくった。救命用の巨大なセントバーナードもつくったし、ちっぽけな愛玩《あいがん》用のチンもつくった。狩猟の際の追いかけ用にポインターもつくったし、キツネの穴に潜りこめる短足のダックスフントもつくった。寒いメキシコの山地では、生きた湯たんぽになる毛のない犬、メキシカン・ヘアレス・ドッグもつくった。

だから今、世界にはさまざまな犬がいる。大きいものから小さいもの、毛の長いものから短毛はては無毛のもの、尾のあるものから尾のないもの、その他その他。すべて人為淘汰の産物である。

ただしこういう連中は、人間がそれなりの世話をし、それなりの条件をつくってやらないとまともには生きていかれない。つまり、すべての品種が野良犬にはなれないのである。昔、町でよく見かけた「野良犬」は、じつに野良犬らしい姿をしていた。大きさも体形もほぼ似かよっていた。それはそのころ町にあったごみ箱にのぼって中の食べものをあされる程度の大きさをしていなくてはならず、暑さにも寒さにも耐えられる毛をまとっていなくてはならなかったのである。これは一種の自然淘汰かもしれない。

さて犬の対極にあるのはネコだ。ネコと人間の歴史もまた古い。五千年前のエジプトでネコが大切にされていたことは有名だ。が、マレーシアのサラワク州（ボルネオ島北西部）の首都はクチン（Kuching）。Kuching とはマレー語でネコである。クチン市はみずから Cat City と名乗り、町のあちこちに大きなネコの像がある。古くから稲作地帯であったサラワクでは、米の貯蔵所に群がるネズミを防ぎ退治するうえで、ネコはこのうえない存在だった。エジプトにおけるのとまったく同じことである。やはりネズミに悩まされた船乗りも、船にネコを持ちこんだ。

こういうのはネコのきわめて実利的な面である。店に客を呼ぶとされる日本の招き猫もその一つかもしれない。

しかし、ネコにはもっと精神的な面もあった。ネコは犬とちがってどこか毅然《きぜん》としたところがある。人間に忠誠をつくすということもなく、ネコは自分自身で生きている。ネコ好きの人にはネコのこの姿がたまらない。ネコはその姿ゆえに、人に愛され何千年にわたって人とむすびついてきたのである。

ネコは狩りのためでもなく、護身用でもなく、その姿のために育種されてきた。だからやたらと大きな品種もなく、短足の品種もない。問題はほとんど毛色である。「黒いネコでも白いネコでもネズミを捕るのは良いネコだ」といったのは中国の鄧小平《とうしょうへい》だが、これはごく実利的なたとえにすぎない。黒ネコには黒ネコの、白ネコには白ネコの雰囲気と気品がある。

犬とネコのこのちがいは、犬が群れで獲物をとるパック・ハンターであるのに対し、ネコは単独生活をする待ち伏せ型の動物だということによる。人間に対する犬の忠誠は、群れのリーダーに対する服従が形を変えたものにすぎない。孤高ともみえるネコの性質は、単独生活者のそれである。けれど犬もネコも、自分に食物を保証してくれる人間のことは大切に思っている。

群れと単独という両極端にある犬とネコは、ふつうは仲が悪い。野良犬は野良ネコを見たら、襲おうとする。ネコも犬をたえず警戒している。英語でどしゃぶりのことを"It rains cats and dogs"というそうだが、これは納得できる表現だ。

ヘビは長いか？

「蛇。長すぎる」とは、『にんじん』などで有名なフランスの作家ジュール・ルナールの、『博物誌』の中の一節である。

たしかにヘビは長い。だいたい人間は細くて長い生きものはあまり好きではない。英語でwormとよばれるものも、人に好かれているとは思えない。その長いものがにょろにょろと動いていくのだから、ヘビが嫌われるのは当然といえるだろう。「滑らかな銀の小川をわれわれはヘビと呼ぶ」などといえるのは、詩人だけかもしれない。

けれど、ヘビはあのように長くなるために、たいへんに苦労している。必要な内臓をうまく収めるのだってむずかしい。肺のように空気を吸ったらふくらむ器官はとくに困る。そこでヘビは左側の肺をなくしてしまった。そして残った右側の肺をうんと細長くして、太さを長さで補っている。ウミヘビの肺は、ほとんどしっぽの先まで伸びているそうだ。

肝臓とか腎臓《じんぞう》のように左右にわたるか、あるいは対になっているものは、左側を省略するか、あるいは前後に並べて収めている。あるヘビの研究者がヘビを解剖しているのを見せてもらったことがあるが、ヘビの内臓収納の手際よさにはまったく感激してしまった。飛ぶために内臓をできるだけ軽くコンパクトにすることに熱中している鳥の場合とはまたちがって、ヘビでは体をできるだけ細く長くすることにすべての関心が向けられていることがよくわかった。

ヘビはあまりものがよく見えないといわれるが、これには少し補足がいる。動くものならよく見えるヘビが多いのである。エダヘビ（枝蛇）などのように樹上に住み、昼間に動きまわるヘビは、口先が短くなっていて、両眼を使った立体視もできる。しかし、夜行性のヘビや地中に住むヘビでは、眼は小さく、あるいは眼がほとんどなくなっているものもある。

一見ミミズとしか思えない地中性のメクラヘビは、後者の典型だ。よく見ればミミズとちがうことはわかるが、そうかといってヘビとも思えない。ケニア・ナイロビのあるホテルの中庭で、アメリカ人とおぼしき人がしきりに足で何かをどかそうとしていた。「何がいたんですか?」とたずねるぼくに、「何だかわからないんだよ」と彼は答えた。行ってみたら、それは一匹のメクラヘビであった。

じつは長くないヘビもいる。西アフリカの密林には、長さ五十センチ、幅十五センチくらいのおそろしく平たいヘビがいる。落ち葉にまぎれるような色合いで、じっと地面に這《は》いつくばったままあまり動かない。獲物が知らずにその体の上を通ると、いきなり頭をもたげて咬《か》みつき、毒を注入するという。人がこのヘビをうっかり踏んだら危険なので、友人の研究者たちはみなこのヘビを嫌っている。

多くのヘビは、においでコミュニケーションするらしい。北アメリカのガーターヘビは、春になると越冬場所から出てきて、メスのにおいをたどって何千匹というオスが大群をなして追いかけていく。テレビで見ても鳥肌が立ちそうな光景だ。

オスとメスが近寄って、上体（前体というべきか）をおこし、互いにくねくねとからみあい、巻きつきあったダンスをするヘビもいる。不気味とはいえ、何ともかわいらしい。動物を研究している人は、たいていはその動物が好きである。ヘビの求愛ダンスの論文にのっていた一連の絵で、オスの真剣なまなざしと、巻きつかれてうっとりしているメスの目つきがじつにおもしろかった。

ヘビはどこからがしっぽなのだろう？　ちょっと見ただけではわからないが、腹側から見ればすぐわかる。ほかの動物と同じく、尻《しり》の穴から先がしっぽである。ただし、尻の穴といっても肛門《こうもん》ではない。爬虫類《はちゅう》では鳥と同じく、生殖門と肛門はともに総排出腔《はいしゅつこう》という腔所に開いており、その総排出腔の出口が尻の穴として外から見える。だから正しくは尻の穴といわず、総排出口というべきなのだ。

ヘビというとぼくがすぐ思い出すのは、ドイツの生理学者J・P・エーヴェルトの研究である。エーヴェルトはガマガエルを実験材料にして、動物が外界のものを認識するしくみを研究していた。

ヨーロッパのガマガエルは日本のよりだいぶ小さく、しばしばヘビに狙《ねら》われて呑《の》まれてしまう。そこでガマはヘビをたいへん恐れている。

ガマはとぐろを巻いて鎌首をもたげ、じっとこちらを見ているヘビに出会うと、四足を伸ばして体を高くもたげ、うんと息を吸い込んで体を思いきりふくらます。そうやって自分をできるだけ大きく見せ、ヘビを威嚇するとともに、自分は大きくてお前には呑めないよということを示すのである。

けれど地上を這っているヘビを見ても、ガマは平気である。ときにはヘビの上をまたいで歩くこともある。とぐろを巻いていないヘビは、いきなりガマを襲うことはできないからである。

しかし、とぐろを巻いて鎌首をもたげたヘビを見ると、ガマはとたんに今いった状態になる。ガマがこの姿勢をとったら、それはとりもなおさず、ガマが相手を危険なヘビと認識したということだ。

とぐろを巻いて鎌首をもたげたヘビを、ガマはどのように見ているのだろうか？　うろことか色・模様とかいう細部を見ているはずはない。きっとヘビの姿の全体としての構成（コンフィギュレーション）にちがいない。

そう思ったエーヴェルトは、水道管などに使われている塩化ビニールのパイプで、ヘビの模型をつくってみた。

はじめはかなりリアルに、二回ほど折り曲げたパイプでとぐろの部分を模し、その上にまっすぐなパイプを立てて首を作り、てっぺんに少し太いパイプを短く切ったものをのせてヘビの頭にした。

これを見たガマは、とたんに四足を踏んばり、体をふくらませて、威嚇姿勢をとった。よし、というのでエーヴェルトは模型を次々に簡略化していった。とぐろの部分を一つ折りのパイプに変えるとか、首をもっと細いパイプにするとかいうぐあいに。そして最後には、一本のまっすぐなパイプを水平に置き、その上に立てた一本の針金に短いパイプの「頭」をのせたものにした。

これはわれわれには到底ヘビには見えない。ところがガマは、この模型にも典型的な威嚇姿勢をとったのである。

それならというのでエーヴェルトは、次のような絵を描いた。白い紙に、黒いバーをひき、その上に黒い四角を配したものである。

　この絵をガマに見せると、とたんにガマは足を踏んばり、思いっきり息を吸い込んで、ものすごい威嚇姿勢をとった！　ガマにとっては、これがヘビだったのである。

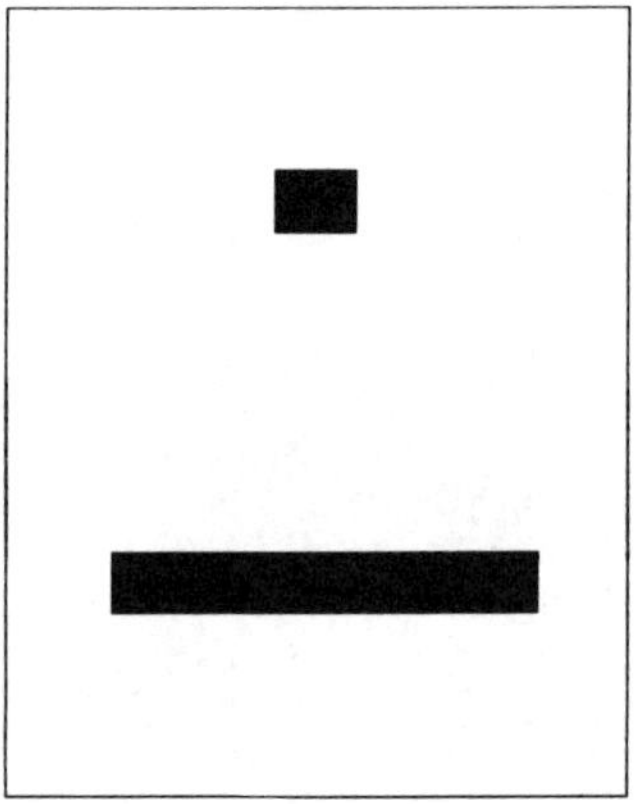

ヘビの異端

とにかくヘビは、じつに偉大な発明であった。それはそれまでの進化の流れに決然と背を向けた、大胆な試みだったのである。

古く古生代に、甲冑魚《かっちゅう》という、今の魚の祖先が現れた。これは現在のヤツメウナギに近い、あごもひれもない海生の動物だった。形は魚のようだったが、もっとぶかっこうで、体は固い甲らのような皮膚におおわれていた。この仲間は長い間、世界じゅうの海に君臨していた。だいぶ後になって、シーラカンスとか肺魚の仲間が現れてくる。これらの魚は前後二対のひれをもっていたばかりか、前方のひれを水底に立てて、体をおこした姿勢で休むこともあった。このようなひれがもとになって、肢《あし》というものができていき、やがて四本の肢をもつ両生類が生じることになった。

現代の魚類は、せっかく肢のもととして生じたひれを、水底で体をおこしたり、歩いたりするためでなく、体のバランスをとる器官、つまり今の魚のひれに変えてしまった。これもまた一つの偉大な着想で、こうして生まれた魚類という仲間は、その後じつにさまざまなヴァリエーションを生んで、今日の魚類というグループを形成することになった。

しかし、進化のいわば本流は、ひれも肢もない甲冑魚に肢を生やすことにあった。何とかして肢というものをつくり、それで歩きまわるほうが、体をくねくねさせたり尾びれで水を打ったりして移動するよりも、はるかに効率的だったのである。

まがりなりにも四肢の生えた両生類が現れると、両生類は水から陸上に進化した。肢があれば陸上での移動も可能である。両生類はまだ水中での生活の名残をひきずって、少なくとも子どものときは水中ですごすものが多かったけれど、とにもかくにもはじめて陸上にでた脊椎《せきつい》動物となった。両生類はしばしの間、陸上で繁栄した。

しかし、進化はつねに効率の良さに味方する。水と陸の二つの世界を必要とする両生類から、もはや水界を必要とせず、陸上だけで卵から親までの生活を全うできる爬虫《はちゅう》類が現れた。爬虫類の肢は頑丈で、少なくとも歩いたり走ったりするときは、四肢で体を支え、体を浮かせた状態で、かなりの速さで移動することができた。

つねにより効率の良い肢の獲得に肩入れしていた進化は、ついにあの恐竜のように、肢を駆使して自由自在に動きまわる動物を生みだした。

そのとき、ヘビは断固として肢を放棄したのである。

肢をもつことを評価するのは、脊椎動物とはまったくちがう論理の動物たち、つまり昆虫や甲殻類、貝、タコ、イカといった軟体動物のような無脊椎動物の進化の流れでも同じであった。

ただのニョロニョロした体をもつ、海生のいわゆる worm の中から、まがりなりにも体の各節に短い突出物の生えた環形動物が現れた。

この突出物は疣足《いぼあし》と呼ばれている。この疣足のおかげか、環形動物は海中で大繁栄し、それは今でもつづいている。

けれど進化はつねにより効率の良いものに味方する。やがて、単なる突出物にすぎない疣足に関節の生じた、移動のためにはよりしっかり役に立つ関節肢をもつ節足動物が現れた。今のムカデのようなものだったろうと想像されている。関節のある肢は、体をくねくねさせたりせずに、地上を歩いたり走ったりすることを可能にした。こうして節足動物は陸上に進出した。

そのあとは昆虫の出現だった。たくさんありすぎた肢を六本に減らすことによって、跳ぶ、はねる、前肢で獲物をとらえるなど、昆虫はさまざまなことができるようになり、それこそ地上でもっとも繁栄する無脊椎動物となった。

つまり、脊椎動物、無脊椎動物という二つのジャンルの動物は、どちらも肢をもつ方向に向かって流れていったのである。

その肢をあえて捨ててしまったヘビは、明らかに異端であった。

しかし、ひとたび異端となった以上、進化は異端としての効率の良さに加担する。ヘビはたちまちにして独自の生きものになっていった。

肢は捨ててしまったが動くことは必要だ。ヘビは腹の鱗《うろこ》で歩くことにした。体の前から後ろへ一列に並んだたくさんの鱗を、順々に立てたり寝かしたりして体を移動させていくのである。おかげでヘビは、頭をぐっと持ち上げたまま、音もなく滑るように動いていくことができる。

肢をもつことと並行して、動物たちは体を短くした。昆虫は多足類の長い体を頭・胸・腹に圧縮したし、鳥は体を一つの箱のようにして尾もなくしてしまった。けれど肢を捨てたヘビたちは、逆に体を長くした。それによって肢のない体の自由を確保したのである。

しかし手足のないことの不便さは否定できなかった。手で獲物を捕らえたり、おさえつけたりするわけにはいかない。そのための手段としては口しかない。そこでヘビの口は特別な構造になっている。まず歯が一本一本独立して動く。一度かぶりついた獲物は、どれかの歯でしっかりおさえておきながら、ほかの歯でひっかけてのどのほうへ送りこんでいくのである。

ヘビは肉食動物である。木の葉を食べるヘビなんていない。植物の茎や葉は繊維質が多く、栄養的には効率が悪い。十分に栄養をとるためには大量に食べねばならず、そのためには大きな胃を必要とする。それは足のないヘビの体のロジック（論理）には合わない。だからヘビは、肉食、それも自分の体から見てかなり大きな動物も丸呑《まるの》みにするのである。そのかわり、一度食べたらあとしばらくは食べずにいられる。スナック・イーターである人間のように、日に三度も食べる必要はないのである。

問題はその「丸呑み」であった。大きな獲物を丸呑みするには口が大きくなければならない。どうしたらよいか？

われわれの口では、下あごの骨がこめかみの下のところで頭蓋骨《ずがいこつ》に直接に関節している。口をあけるときは、この一点を支点にして、ちょうど鋏《はさみ》のように開くほかはない。だがこれでは、口の前のほうは大きく開いても、のどに通じる根元の部分はどうにもならない。

ヘビはあごの関節が二段構えになっている。下あごの骨と頭蓋骨との間に、方骨《ほうこつ》という細長い骨がはさまっており、関節が二つあるのだ。

まず頭蓋骨と方骨とがハサミのようにぐっと開く。つづいて方骨と下あごの骨（下顎骨《かがくこつ》）

がまたハサミのように開く。

外から見ていると、ヘビは大きな獲物を呑みこむとき、まるであごをはずしているようにみえる。けれど、いくらヘビでも、あごがはずれたら困る。ヘビのあごはずしは、じつは二段になったハサミのおかげなのである。

こうやって呑みこまれた大きな獲物は、伸縮自在の食道をぐっと広げて胃へ下っていく。必然的に、ヘビの体のその部分はぐっと太くなる。ヘビの肋骨《ろっこつ》はわれわれ人間のとちがって、腹側が離れたままになっている。だからヘビの体は、それこそいくらでも太くなれるのだ。こうしてヘビは栄養たっぷりの大きな獲物を丸呑みにし、あと一週間ぐらい、ゆっくり眠るのである。

ヒラメとカレイ

「左ヒラメの右カレイ」とかんたんにいうが、ちょっと調べてみると話はとても複雑である。左カレイや右ヒラメがいるからだ。

そもそもヒラメとカレイはどこがちがうのだろう？

百科事典をひいてみると、こんなふうに書いてある――

ヒラメ　鮃　カレイ目《もく》のヒラメ科とダルマガレイ科に属する海産魚の総称。

そしてカレイは――

カレイ　鰈　カレイ目カレイ科に属する海産魚の総称。

つまり、どちらもカレイ目というグループに含まれる魚なのだ。この目の中に、ヒラメ科、カレイ科、ダルマガレイ科、それともう一つウシノシタ科という科があって、それら全体にわたって「ヒラメ」と「カレイ」がいるのだから、話はややこしい。

ではヒラメ科とカレイ科はどこがちがうのだろう？　そう思って調べてみると、これがまた、かんたんにはわからないのである。どの動物についても（植物でもそうだが）、ある科とある科のちがいというのは、一見してこう、というものではなく、ある骨の形がどうちがうかといった、きわめて分類学的なものなのである。百科事典では、カレイ科のほうが一般的に口が小さいというぐらいのことしか書かれていない。

それればかりではない。左ヒラメの右カレイというと、ヒラメ科の魚は目が体の左側に、カレイ科の魚は目が右側にあるように思うのだが、ヌマガレイという仲間のほとんどの種は、カレイ科に属しながら、左側に目をもっている。シタビラメ（ウシノシタ）はヒラメとされるのに、目は右側にある。

だから、食卓にでてきた魚を見て、これはヒラメかカレイかと論議するのは意味がない。一般にヒラメのほうが美味で高級魚だといわれているが、季節や料理のしかたや好みによって、おいしさも変わるだろう。そもそも古くはカレイとヒラメの区別はなく、すべてカレイと呼ばれていたという。

そんな区別より大事なのは、ヒラメであれカレイであれ、どちらも海底にぴったりはりついて暮らす底魚《ていぎょ》で、体が異常に平たいということである。

体の平たい底魚は、ほかにもたくさんある。これは敵から逃れるうえでも、獲物をうまく捕らえるうえでも有利だからだろう。

しかしこれらの魚は、体を背腹に平たくした。だから、海底に腹ばいになって、平べったくなっている。

腹側には内臓がつまっている。いくら平たいほうがいいからといって、内臓の量を減らすわけにはいかないし、内臓を体の左右にやたらと張りだすわけにもいかない。だからこれらの平たい魚は、じつはそれほど平たくないのである。

ヒラメとカレイはまったくちがうことを考えついた。体を左右に平たくしてしまったのである。

こうなれば、内臓は本来あるべき場所にあるのだから、体を思いきって平たくできる。そしていくら平たくしても、体の形はもとの魚のままに保っていられる。体を背腹に平たくした魚は、尾びれもできるだけ平たくせねばならなかったが、かといって尾びれの向きを変えることはできなかった。なぜなら尾びれは、それを左右に振ることによって体を前方に押し出す、重要な推進器官であるからである。しかし、体を左右に平たくし、海底に横に倒れていることにしたヒラメやカレイには、そんな悩みはなかった。尾びれはもとのままの形で、大きく堂々と存在を主張していればよかったのである。

唯一困ったのは目であった。本来は体の左右に一つずつある目だけは何とかせねばならなかった。さもないと、海底側にくるほうの目は、いつも使えないことになってしまうからだ。
左右に平たくなった体をどちら側に倒すのかは、まさに好みの問題だっただろう。理論的にはどちらでもよいはずである。ただし、目だけは海底側でなく、水中の側、つまり上側になる二次的な背面にもってくるほかはなかった。

多くの動物はたいへん「保守的」で、子どものときには先祖と同じ姿をしている。ヒラメやカレイでもそのとおりで、卵からかえった仔魚《こざかな》は、ふつうの魚の仔と変わらない形をしている。目もちゃんと頭の左右に一つずつある。そしてふつうの魚の稚魚と同じく、尾びれを左右に振って泳いでいる。体長十ミリぐらいに成長すると、目が将来の二次的背側（たとえばマコガレイという種では体の右側）に移動しはじめる。そのとき、頭骨もその側へねじれていく。しかし体表にある目は、体の中心線（正中線）をこえて徐々に右側へ移動してゆき、体長が十四ミリぐらいに達したとき、もともとの右側の目と並ぶ。すると稚魚は海面での遊泳生活を終え、しかるべき砂地を求めて着底する。そしてカレイとしての生活が始まるのである。

ヒラメやカレイの稚魚における目のこの移動のプロセスは、なかなか大変なものである。目の通っていく場所の細胞は順次に死んで道をあけ、脳から目へいく視神経も、移動していく目の位置にあわせて伸びていく。そこにはちゃんとしたプログラムが組まれているのである。

目の移動完了とともにおこる稚魚の着底は、むしろ外界の力に大きく依存したものであるらしい。農水省の水産研究所での最近の研究によると、海の表層をなかば漂っている稚魚は、表層から海底へ巻きこむような海水の流れに運ばれて、海底に達するらしい。目は右側への移動を終えているのに、うまくそのような流れのある場所に到着できなかった稚魚は、結局はヒラメにもカレイにもなれずに死んでしまい、ほかの魚の餌食《えじき》になってしまうらしい。

そして、何らかの理由でそのような流れが弱かったり、小規模にしかおこらなかった年には、着底する稚魚の数が少なくなり、翌年ないし翌々年の成魚の漁獲高が減少するらしいという。

着底のときには、体の左右で色も変わってくる。海底側になる側の皮膚は色素を失って白くなり、表面側は黒くなる。これもきちんとプログラムされていることである。

ヒラメもカレイも、いつも海底に横たわっているわけではない。ときどきは泳いで移動する。泳ぐときは海底から体が離れるから、「下側」の白いのが目だってしまうだろう。それは危険なことであるが、同時に敵の目をくらますにはかえって役立つかもしれない。なぜなら、白く目立つ側をひらひらさせて短い距離を泳いだら、すぐ海底に降り、保護色をした背側しか見えなくなるからである。白く目立つ面があたかも手品師のトリックのように作用して敵の目をひきつけ、次の瞬間それがぱっと消えて保護色になってしまうとき、保護色の効果はぐっと増すのである。

もちろん魚は海底に降りるとき、体のどちらかの側に二つ並んだ目で海底の様子を見る。ただの一様な砂地か、小石などで複雑なもようのある地形か。そしてそれに応じて体の表面の色がたちまちにして変化する。

この変化は神経系の作用で、体表の細胞の中にある黒、黄、赤などの色素の入った小胞が、拡張したり収縮したりすることによっておこる、じつにデリケートな変化である。その結果、ヒラメの体は、まわりの海底と色もパターンもほとんどそっくりに変わり、ちょっと見たくらいではその存在は完全に消えてしまうのだ。じつにすばらしい手品である。

ペンギン

ある大きな国立大学の学長をしていた友人の、大学院時代のことである。

そのころ彼はアルバイトとしてある高校の生物の非常勤講師をしていた。動物の分類の単元で、その日は鳥のところだった。彼はいろいろな鳥を分類順にあげ、その特徴とか生活とか、進化の話をしていった。

彼の話はおもしろいので、生徒も興味をもって聞いていた。授業の終わりに、質問の手があがった。「先生、ペンギンはどうなんですか？」彼は即座に答えた――「あれは哺乳《ほにゅう》類ですから、この次にやります」。

翌週の授業になった。「今日は哺乳類です」といって、彼は単孔類、有袋類、食虫類……と話していった。授業の終わり、また生徒の手があがった。「先生、ペンギンはどうしたんですか？」彼は即座に答えた――「あれは鳥です。鳥は先週にもう終わりました」。生徒はさぞかし不満だったにちがいない。

ペンギンはたしかに変な鳥である。まるで人間みたいに二本足で立って歩いている姿が、何ともユーモラスだ。もっとも、二本足で立ってといっても、だいたい鳥はみな二本足で立って歩いているのだから、それ自体はふしぎでもなんでもないが、問題は翼である。

空を飛ぶにはまったく役立たなくなった翼は、ちょうど人間の腕のようにみえる。そのうえ、体をまっすぐ立ててよちよちと歩くから、ますますユーモラスなのだ。そのためか、ペンギンにはいろいろな話がつきない。

かつて、南極でこんなことがあった。旧ソ連の越冬隊が革命記念日を祝っていた。そこへ真っ赤なオウサマペンギンが一羽、ひょこひょことやって来るではないか！　彼らは大喜び。赤旗をもちだして出迎えた。ところがそれは、アメリカの調査隊がペンギンの行動を調べるために色をつけたものであった。

ペンギンは飛べないけれど、昔は飛ぶと思っている人もあった。子どものころ読んだ明治大正文学全集にジュール・ヴェルヌの『十五少年漂流記』があった。有名な黒岩涙香《るいこう》の訳だった。文章はあまりしかとは憶《おぼ》えていないが、たしかこんなのだったと思う。少年たちの船が漂流し、しだいに南極に近づいているらしいと気づくくだりである。「見よ、呵呵《かか》と鳴きつつ飛びゆくはかのぺんぐぃんなる鳥にして」。これにはぼくはびっくりした。

日本が戦後はじめて南極調査隊を派遣したときの話を、日本動物学会の大会で聞いたことがある。調査隊に加わっていた動物学会の会員の人を、特別講演に招いてのことであった。たくさんのスライドを見せながらの話の中で、「あまりいいスライドでなくて申し訳ないのですが、これはペンギンが飛んでいるところです」という説明があった。これにはぼくはほんとうにびっくりした。作家の黒岩涙香の話ではない。動物学会大会における動物学者の講演である。ぼくは、ペンギンを飛ばない鳥だと思いこんでいた自分の不勉強を恥じた。

ところが、その「ペンギン」とは、調査隊が使っていたヘリコプターの名前であった！

ペンギンたちは雪と氷の南極大陸できびしい生活をしている。何を好んでこんなところで暮らすのか、ちょっと理解に苦しむくらいだ。

けれど、ペンギンの仲間は本来こんな雪と氷の上に住む鳥ではないらしい。「本来の」ペンギンは、南アメリカ南端の岩だらけの崖《がけ》に住んでいるイワトビペンギンとかヒゲペンギンとかいう連中である。これらのペンギンは、南極大陸にはいない。そのようなペンギンの中でオウサマペンギンとかキングペンギンとかいう一部のものが南極に進出したのである。進出したのか追いやられたのか、それもよくわからない。

とにかくこれらのペンギンを、われわれは典型的なペンギンだと思うようになった。ちょうど、われわれがホタルの典型だと思っているゲンジボタルやヘイケボタルが、幼虫が水の中に住むという点ではホタルの中では異例なもので、世界に二千種もいるホタルは、みな幼虫が陸上に住み、カタツムリを食べているのと同じことである。

しかし、ペンギンたちはすべて空を飛ばない。翼は「退化」して小さくなり、飛ぶにはまったく役立たなくなっている。

けれどペンギンたちは、この「退化」した翼を使って水の中を高速でじつに巧みに泳ぐ。ペンギンは空を飛ばないが、水の中を飛ぶのである。

海の中で獲物をたっぷり捕らえたペンギンは、陸の上を歩いて、ひなに給餌《きゅうじ》しにいく。そしてまた海辺に戻り、海にとびこんで次の獲物を捕りにいく。

海辺の崖の上からとびこむとき、ペンギンたちは押しあいへしあいする。だれかを海へつき落とし、そいつがアザラシやシャチに食われたりせず無事泳いでいったら、ほかの者たちもいっせいに海にとびこむのである。そしてペンギンたちは海の中を飛びまわって獲物を探す。

空を飛ぶか、海の中を飛ぶか。翼の使いかたは同じなのだろうが、われわれはまったくちがう印象をもつ。そもそも海の中を飛ぶとはだれもいわない。泳ぐという。しかしペンギンにとっては泳ぐは飛ぶと同じなのだ。

愛のトゲ

動物ではないが、非常におもしろい生き物として、サボテンをとりあげたい。サボテンといえば砂漠の植物だ。ディズニーの映画「砂漠は生きている」というのを大昔に観たことを思い出す。サボテンは少なくともぼくにとっては、アメリカ西部の砂漠のイメージである。

ところが、アフリカに行ってびっくりした。ケニアのサヴァンナを車で走っていくと、映画で観たような光景が目に入ってくるのである。つまりサボテンだ。それもアメリカの砂漠のとそっくりだ。一緒に車に乗っていた友人にそれを話したら、きっとコロンブスがもってきたんだろうといった。おいおい、コロンブスはアフリカに来たことがあるのかい？

とにかく、よく似ているのだ。もちろん「アフリカ式の」サボテンもある。これは大体のところ同じだが、こまかいところではだいぶちがう。それが見えると、やっぱりここはアフリカなのだなと思って安心する。

サヴァンナをしばらく走っていくと、小さな町に着く。たとえば、ナイロビからケニア第三の都市キスムに向かう途中に、ケリチョという町がある。このあたりは紅茶の名産地でTea Hotel というホテルもある。そこでひと休みして、ホテルの庭を見て歩く。

見て歩くといっても、それほど大きな庭園ではない。しかしそこにはサボテンがたくさん生えているのである。そしてその多くは、ぼくらが日本やアメリカでおなじみのサボテンとよく似ている。それもそのはず、ホテルの人に聞いてみると、ほとんどすべては外国のサボテンをもってきて植えたものだという話。外国の植物をもってきて植えるのがしゃれているという感覚は、ほんとにどこでも同じなのだなぁ、とつい軽蔑《けいべつ》の情をもってしまった。

それにしても、砂漠やそれに近い乾燥した土地には、なぜサボテンのようにトゲを生やした植物が多くなるのだろう?

アメリカでもアフリカでも、中東でも、アジアでも、砂漠の植物にはトゲだらけのものが多い。かわいい花が目に入っても、いきなりそれを摘もうとしてはいけない。たいていはトゲで痛い目にあう。

こういう植物はトゲで身を守っているのだ、と本には書いてある。植物の葉をむしゃむしゃと食べてしまう動物が近づけぬようにしているのだそうだ。

たしかに、アフリカのサヴァンナに生えているアカシアの木はトゲだらけだ。でもキリンは長い丈夫な舌でそのトゲだらけの木の葉を平気で食べてしまう。トゲは身を守るうえでけっして万能ではない。

砂漠とかぎらず、どこに生えている植物だって、自分の葉が動物に食われてうれしいはずがない。そこで葉を硬くしたり、ワックス（ロウ）を分泌したりして、なるべく食べられにくいようにしている。

砂漠の植物はおそらくそれができなかったのであろう。葉っぱを厚く硬くしたら、砂漠のあの暑さでは葉っぱが熱くなってどうにもならないだろう。では、葉そのものは薄くして、表面をかじりにくいワックスで一面におおったらどうだろう。しかし、気温五十度を超える砂漠では、ワックスなどすぐ融《と》けてしまうにちがいない。

そうなれば、トゲしかない。トゲなら熱がこもることもないし、融けることもない。でもどうやってトゲをつくったらよいか？

その答えはきっとかんたんだったにちがいない。つまり、葉っぱをトゲに変えてしまえばよいのだ。

サボテンをはじめとして、砂漠地帯や乾燥地帯の植物には、葉っぱをトゲにしてしまった植物がたくさんある。葉っぱは植物にはもともと生えているものだから、材料にはこと欠かない。それをトゲにしてしまうのはかんたんである。生物にはこのようにおそろしくケチで怠慢なところがある。あっと驚くような新発明をやってのけることはまずけっしてない。みんな有り合わせのものの活用である。それなのに、できあがったものは、たとえばゾウの鼻のようにとんでもないものなのだ。けれど、要するにあれも、もとはただの鼻にすぎない。

ところで、植物にとって葉っぱは大切な栄養器官である。葉緑素を含んでいて光合成をする。つまり太陽エネルギーをとらえてデンプンをつくり、それをもとに自分の体をつくり、繁殖のための花を咲かせる。その葉っぱをみんなトゲに変えてしまったらどうするのか?

光合成の生産高を確保するには、葉っぱは平たくて広く、太陽光を受ける面積をできるだけ大きくしたほうがいい。トゲはもともと細く尖《とが》ったものでなければトゲにならないから、この二つは矛盾する。トゲで光合成をするわけにはいかない。

そこでサボテンは茎を葉っぱの代わりにした。茎の表面に葉緑素を作り、そこで光合成をすることにした。面積を確保するために、茎を茎と思えぬほど太くした。太くすれば頑丈になって、砂漠の風にも折れたりしない。いくつかのサボテンは巨木のようになったが、背の高さを捨てて、丸っこい、ころりとした姿になったものもある。これはそのサボテンの「好み」の問題であるが、光合成の効率と表面積の関係とか、生長の速さとかいった、いわば

「経済」、「経営」の問題でもある。

強烈な砂漠の日光による日焼けを避けるために、こまかな毛を生やしたサボテンもある。そうなると、外から見てはもう緑色にはみえないので、まるで動物が体を丸めてうずくまっている感じになる。でもこれは植物のサボテンだ。表面をおおう柔らかい毛の下には、ちゃんと葉緑素をいっぱい含んだ茎がある。

こうして、葉っぱをトゲに変えて身を守り、光合成は茎にやらせるようになったサボテンは、葉っぱというものがなくなったために、われわれの思う「植物」とはまるでちがう姿になってしまった。けれどこれで、サボテンはまた得をしているのである。つまり、ひらひらした葉っぱは、乾燥しきった砂漠ではいつ干からびてしまうかもしれないまことに危なっかしい存在である。そんなものを捨てて、乾燥などものともしないトゲにしてしまったサボテンは、砂漠の日照りも乾ききった空気も、もう怖くない。

そのうえ、葉っぱは多くの動物たちの好む食物である。トゲなんて食べてもほとんど栄養にはならない。ころっとして頑丈で、おまけにトゲの密生した茎は、おいそれとは食べられない。ほかの多くの植物にとって生存のための最大の問題である「葉を食われないように守る」という必要は、サボテンにはまったくない。

ジョルジュ・ブラッサンスの有名なシャンソン「蝶々《ちょうちょう》とり」にもあるとおり、木かげには愛とそのトゲが隠れている。けれど木かげのない砂漠のサボテンのトゲは、愛のトゲではない。

動物の論理

Different strokes for different folks.

十人十色。いろんな人のいろんなやり方がある。「人」とあるが、もちろんこれは人間だけにあてはまることわざではない。動物たちもそれぞれの論理にのっとって生きている。食物の摂《と》り方ひとつにしても、それぞれに独自の「論理」がある。カ、ヒル、吸血コウモリ、クモ。液体を摂取する動物たちだけをみても、その「論理」はさまざまだ。からだの表面にも動物たちの「論理」はある。哺乳《ほにゅう》類の毛、ヘビや魚のウロコ（この二つはじつは違うのだが、それは後ほど）、ヤマアラシの固いトゲ。みんなそれなりの事情によって、それぞれ異なる衣服をまとっているのだ。

彼らの論理にのっとると、動物の奇妙な姿や行動にも納得がいくようになる。

吸血鬼の人生

吸血鬼ということばは、あのドラキュラの名とともに何かおそろしいイメージと結びついている。

けれど動物界では、吸血鬼はちっとも珍しい存在ではないし、おぞましい姿をしていると限ったわけでもない。

そもそも夏になると、ブーンという羽音とともにやってくるカだって、まぎれもない吸血鬼だ。

ドラキュラは人の血を吸うために尖った歯をもっていたが、カはそんな怖いものをもっていない。しかしその唾液《だえき》の中に、血を凝固させない物質を含んでいて、吸った血が自分の胃の中で凝固してしまわないようになっている。カに刺されたあとのあの痒《かゆ》みは、この血液凝固防止物質のせいである。

たっぷりとぼくらの血を吸ったカは、壁などにとまり、胃の中の血を一晩かけて消化して、その栄養で卵をつくる。

　ふしぎなことに、血を吸ったカは、白っぽい壁にとまることが多い。それに対して、これから血を吸おうというカは、むしろ物かげの暗い場所にひそんでいる。だから、カがうるさいので電灯をつけてカを退治しようとすると、見つかるのはもう血を吸ってしまったカばかりだということになる。

　カはメスだけが人間の血を吸う。オスは果物の汁などを吸っていて、けっして吸血鬼になることはない。けれど動物の吸血鬼の多くは、オスであるかメスであるかには関わらない。

　たとえばヒルだ。カには「血を吸われた」というより「刺された」という感じを持つことが多いけれど、ヒルにはほんとに血を吸われたという気がする。

　近ごろは農薬のおかげでヒルはほとんどいなくなったが、昔は田んぼや小さな川にヒルがたくさんいて、魚とりや水遊びの楽しみをそがれたものだった。湿度の高い山の林にはヤマビルというのもいる。人間が歩いていくと、木の上から落ちてきて、首すじなどにとりついて血を吸う。いずれにせよ、ヒルに血を吸われるときは、痛みも痒みも感じない。気がついたら、たっぷりと吸った血で丸々とふくれあがったヒルが肌にとりついている、というおぞましさであった。

　北ボルネオの熱帯林では、しばしばヒルに悩まされた。林の中の細い道をたどっていきながら、ふと道の両側の草に目をやると、そこらじゅうにヒルがいるではないか！　草の葉の上に長さ一センチから二センチの小さなヒルが立ち上がって、ヒコヒコ体を動かしている。そうやってとりつくべき相手をねらっているのだ。

双眼鏡で十メートルぐらい先の草をのぞいても、ヒルは一匹も見つからない。けれどぼくらが歩いてそこへ近づいていくと、あたりは何十匹、何百匹というヒコヒコ動くヒルでいっぱいになる。それまでは葉の上にピタリとくっついて休んでいたヒルたちが、ぼくらの体臭や体温をキャッチして葉の上に立ち上がり、思いきり体を伸ばして前後左右に振りながら、何とかしてぼくらの体にとりつこうとしているのだ。

それはぞっとするような光景だった。その何百匹というヒルたちは、何日いや何か月間この機会を待っていたのかわからない。林は広く、人間やけものはそのどこを通るかわからないからである。

吸血性の動物というのは、一般にそのような生き方を強いられている。たしかに血は動物の体の中でもっとも栄養価の高いものだろう。しかしそれは、生きた動物にとりついて吸うほかはない。そして生きた動物は動きまわる。血を吸う側は必ず相手より小さい。長い距離、相手を追っかけていくわけにはいかない。どうしてもある場所にじっとひそんでいて、相手がそこにやってくる機会を待つほかはない。

だからヒルにしても、ノミにしても、ダニにしても、吸血性の動物はじつに長い期間、餓えに耐える。彼らはほとんど休眠した状態で、じっと相手の出現を待っている。相手の存在をキャッチする嗅覚器官《きゅうかく》だけは眠らずにいて、千載一遇の好機の到来を今か今かと探っている。

強力な翼をもった吸血コウモリは、おそらくその唯一の例外であろう。彼らは毎晩、かくれがの洞窟《どうくつ》を出て、獲物を探しにいく。けれど獲物のガードも固い。運の悪い奴《やつ》は、ついに一滴の血も吸えずに帰ってくる。すると血にありついた仲間がこいつに血を吐きもどして分けてくれる。

これはヴァンパイアの助け合いとして有名な話だ。けれど、この助け合いは美しい道徳的行為なのではない。血を分けてもらった個体は、相手をちゃんと覚えていて、翌日そいつが空腹のまま帰ってきたら、優先的にそいつに血を分けてやるのだ。そこには互恵の原則が成り立っている。日本での昔からの表現によれば、「情けは人のためならず」なのである。

クモがヴァンパイアであるという認識はわれわれにはうすいが、クモもまた歴然たる吸血鬼である。多くのクモは巧妙な網を張って、獲物の来るのを待っている。

捕らえた獲物をバリバリと咬《か》みくだく巨大なクモというイメージは、劇画的なものでしかない。クモにはそんな牙《きば》もあごもない。クモにできるのは、獲物の体に鋏角《きょうかく》という尖《とが》った口器を刺しこみ、相手の血液を吸うことだけである。

なぜそんなことになっているのか？　イギリスのピーター・ハスケルは、おもしろいことをいっている。

「クモの脳は、進化における脳づくりの哀れむべき間違いの典型である」

つまりこういうことだ。クモをはじめ、すべての昆虫や甲殻類を含む節足動物では、体の神経系の中枢としての脳は、頭部の背面すなわち食道の上側（背側）にできた。そしてそこから左右二本の神経が、食道を左右から取り囲む形で腹側に向かって伸び、そのまま体の腹側を後方へ走っている。これがわれわれの脊髄《せきずい》に相当する腹髄である。

腹髄の前端部は背側にある脳と一体をなすかたまりをつくり、脳を補佐する重要な役割を果たすように変化していった。そして結局、この脳と腹髄前端部からなるかたまりが、広義の脳として体を統括するようになった。

するとそこには、重大な矛盾が生じてくる。つまり、脳のまん中を食道が貫いて通っていることになったのである。

頭は頑丈な頭蓋《ずがい》で囲まれている。脳が大きく発達していこうとしても、外へ向かって広がるには限界がある。必然的に、脳は食道を圧迫する形で、内方へ向かって発達するほかはなかった。

精緻《せいち》をきわめた網を張る技術センターとしての脳が発達していくにつれて、食道はどんどん圧迫され、ついには脳の中心部をかろうじて通り抜ける細い細い管となってしまった。そこを通れるのは液体状のものでしかない。こうしてクモは、精巧な網で捕らえた獲物を、その歯ごたえや舌ざわりを楽しみながらバリバリと食べることを諦《あきら》めて、ただその血液を吸うことで満足せねばならなくなったのだ。

幸いにして、われわれ哺乳《ほにゅう》類の脳はこんな悲劇を背負っていない。しかし、進化に先見性はない（だからこれまでに多くの動物が絶滅した）。進化はいくつもの間違いをおかしている。われわれ人間の脳においても、進化が何らかのミステイクをおかしてないとはいい切れないのだ。

「蟻食い」の論理

動物たちなんて、しげしげと見れば見るほど奇怪なものばかりである。いつも例にあげるのがゾウだ。あんなに鼻を長くして、それでものをつまんだり、巻きあげたり、水を吹きかけたりなんて、ぼくらにはとても考えつかない。それにあの肢《あし》の太さ、巨大な耳、とってつけたようなしっぽ。およそ奇妙な動物としかいいようがない。

そういえば、われわれ人間だって奇妙な動物だ。チンパンジーによく似ているが、毛が全然ない。いや、ほんとはあるのだが、事実上はないにひとしい。それなのに髪の毛は豊かで、しかもいくらでも伸ばすことができる。チンパンジーにそんな芸当はできない。

そして、アリクイもまた、いささか奇妙な姿をしている。

ふしぎな体形。四つ肢といえば四つ肢だが、それにしてはあまりに細長すぎる。ふつうの常識的なけもののプロポーションを大幅に逸脱していないか？

おまけにこの長い顔。何を感じているのかわからない。何も感じていないんではないかとさえ思えてしまう。

この長い顔がなぜそんなに長いかは、アリクイがアリを食べるところを見れば、たちどころにして納得がいく。アリクイはその長い顔の先にある口から、太いミミズのような長い長い舌を出し、それでアリを掃くようにしながら食べるのである。舌はよほどネバネバしているらしく、アリはみんなその舌にくっついてしまう。アリクイはときどき舌を口の中に引っこめ、くっついたアリを食べる。

とはいっても、ぼくはアリクイがじっさいにアリを食べるところを見たわけではない。動物園のアリクイで見ただけである。もともと南アメリカにいる動物であるアリクイを、野生状態で見るチャンスはぼくにはなかった。

動物園ではアリクイにアリなど食べさせていない。そんなことをしたら、よほど大量のアリを用意せねばならないだろう。それはとうてい無理な話である。

ではどうしているかというと、動物園では挽肉《ひきにく》を餌《えさ》にしていた。牛乳の中に挽肉を入れてかきまぜると、挽肉は粒々になって牛乳に浮かぶ。この挽肉粒入りの牛乳をアリクイに与えるのだ。

この餌にもう慣れているアリクイは、牛乳の入ったバケツの中に長い舌をつっこみ、牛乳の中でにょろにょろ動かす。するとネバつく舌に、挽肉の粒がくっついてくる。アリクイは舌を口の中に引っ込めて、アリに相当する挽肉の粒を食べるのである。

アリよりは挽肉のほうが栄養価は高そうだから、アリクイの食事はわりと早く終わった。

しかし、動物園でなく自然の中では、アリクイは大変そうである。まずアリの巣をみつけなくてはならない。どうやってみつけるのか知らないが、とにかく森の中をあちこち歩きまわって探すのだろう。

巣をみつけたら、掘りおこす。そのための道具もアリクイの体にちゃんと備わっている。ぶざまなほど長くて頑丈な前足の爪《つめ》がそれだ。巣をあばかれると、何千、何万というアリたちが、一大事とばかりにいっせいに出てくる。そのアリの群れを、アリクイは長い舌でなでまわし、舌にくっつけては口に入れ、またくっつけては口に入れして、食べていくのだそうだ。

あの大きな体を保つのに、いったいどれだけのアリを食べたらよいのだろう？　ぼくにはちょっと想像ができない。アリの巣一つや二つでは足りないのではないだろうか？

とはいえ熱帯にはアリはたくさんいる。アリクイたちは同じようにしてシロアリも食べるから、餌はたっぷりあるにちがいない。とにかく熱帯林にいる生物体の量の四分の三はアリとシロアリだそうだから、それを食べようと思い立った「蟻食い」たちが現れたことも理解できる。

かつてのイタリア映画だったか「世界残酷物語」というのがあった。その中にアリをどんぶりに山盛りにして食べている「原住民」がでてくる。この映画の監督はヤコペッティという人で、かなりインチキなやらせ場面を撮るといううわさもあり、日本で動物映画をつくるときに、「ちょっとヤコペるか」というギャグが昔はやったくらいだから、この映画はどこまで信用できるかわからない。

けれど、アフリカでは大きなシロアリのハネアリはなかなかうまいもので、市場にもちゃんと売っている。チンパンジーもシロアリは大好物で、木の細い枝を折って葉を落とし、枝を巣の中につっこんでシロアリを「釣る」のは有名な話である。

だが、こういう人々もチンパンジーも、アリやシロアリを常食にしているわけではない。体に蟻酸《ぎさん》という強い酸をもち、それで敵に食べられるのを防いでいるアリは、ますます食用には向いていない。

ところが「蟻食い」たちは、そのアリやシロアリを常食にしている。オオアリクイやコアリクイたちは、もっぱら舌にアリをくっつけて食べる。アリに咬《か》みついたりする必要はないから、彼らには門歯も犬歯もなくなっている。この仲間はしたがって、貧歯類と呼ばれている。日本語では「貧」であるが、ラテン語やそれに由来するヨーロッパ語では「無歯類」を意味するEdentataである。

歯がないだけではない。さっきもいったとおり、オオアリクイの前足には途方もなく長い頑丈な爪が生えている。もちろんアリやシロアリの巣を掘るためである。爪があまり長いので、オオアリクイはそのままではうまく歩けない。そこで爪を後ろ向きに折り返して、爪の背で歩く。

チンパンジーやゴリラも指を折り曲げて、指の背を地面につけて歩く。おそらく大切な手のひらを守るためだろう。けれどオオアリクイは指ではなく爪の背で歩くのである。

おまけにオオアリクイの尾は長い毛がふさふさ生えていて、おそろしく大きくみえる。この大きな尾をオオアリクイは何に使うのだろう？　ちょっと調べてみたけどわからなかった。

オオアリクイは南アメリカの動物である。一方、アフリカにはオオアリクイはおらず、ツチブタというのがいる。これは管歯類（歯に小さな穴があいている）の動物だが、同じように長い顔をしている。そして同じようにミミズのような長い舌を出して、アリやシロアリをくっつけて食べる。シロアリのほうがメインな食べものかもしれない。オーストラリアにはフクロアリクイという動物がいる。ほかの「蟻食い」たちにくらべるとずっと小型で、口もそう長くはない。そしてフクロという名がついているとおり、これはカンガルーなどと同じく、有袋類の仲間である。メスは腹に育児嚢《のう》を持っていて、未熟なまま子を産んで、それをこの袋の中で育てる。けれど、アリやシロアリを食べる点では同じである。

オオアリクイやフクロアリクイの尾はふさふさとりっぱだが、ツチブタの尾はなんとも貧弱である。同じものを食べる動物は、大陸をこえて同じようになるとともに、ぜんぜんちがうところもある。尾は「蟻食い」とは直接には関係ないのだろうか？

ウロコの歴史

どの言語にもかかわらず、語源の説明にはいかにももっともらしくてついそう信じてしまうものも多いけれど、日本語で「哺乳類《ほにゅう》」を意味する「ケモノ」というのが「毛物」から由来しているというのは、たぶんほんとに信じてよいだろう。

ところがその「毛物」の一種であるセンザンコウは、体じゅうが毛ではなくてウロコでおおわれているのだ。「これでけもの？」といいたくなるのも無理はない。

けれど、よくよく考えてみると、話はけっこう複雑なのである。

そもそもウロコなるものが、じつは一筋縄ではいかない。岩波生物学辞典（第四版）をひいてみると、「鱗（ウロコ）」という項目にはこう書かれている。「動物の体表の大部分または一部を覆う、多少とも硬質の小薄片状の形成物。形態学的にはきわめて多様で……」とある。この「きわめて多様で……」というのが問題なのだ。

ウロコのある動物は何か？　といわれたら、たいていの人は「魚」と答えるだろう。そのとおり、たいていの魚には、ウロコがある。「銀鱗《ぎんりん》」などということばもあるとおりだ。

もう一つ、ウロコと聞いて思い出すのはヘビである。ただし、ヘビのウロコはあまり好感をもたれてはいない。

じつは同じくウロコとよばれているが、この魚のウロコとヘビのウロコとはまったくちがったものなのである。

ぼくもいまだによくわからないのだが、魚のウロコは要するに骨と同じものなのだそうな。岩波生物学辞典によると「魚類のウロコは真皮に起来する皮骨で」とむずかしいことが書いてある。要するに、皮膚の中に生じる骨だということだ。皮膚の中にできた骨だから、表面はうすいながら皮膚に覆われている。

ところが、同じウロコの項目には、「爬虫《はちゅう》類の体表や鳥類の肢《あし》、ある種の哺乳類の肢や尾（ネズミのしっぽがその一例）、そしてセンザンコウの体表にみられるウロコは、表皮性の角質鱗である」、とまたまたむずかしいことが書いてある。

要するに、センザンコウのウロコは魚のウロコとはちがって、真皮の中にできる骨質のものではなく、表皮そのものの変形であるということだ。

表皮というのは、その名のとおりわれわれの皮膚の表面である。これは角質（ケラチン）

とよばれるただの物質の層であって、生きた細胞からできているのではない。だから、ちょっとこすったぐらいでは痛くない。

けれど、切り傷を負ったりすると、表皮の下にある真皮が顔を出す。真皮は生きた細胞でできているから、感覚がある。空気へ触れても水分がひりついてヒリヒリする。

魚のウロコはこの真皮の中にできた骨性の薄板なのだ。ただしその表面を表皮がうすく覆っているから、魚がいつもヒリヒリしているわけではない。

爬虫類から哺乳類（けもの）や鳥類が進化したとき、彼らはこの角質のウロコに少し手を加えて、ウロコとはちがうものに変形させた。それはけものでは「毛」であり、鳥では「羽毛」である。だからわれわれの毛も、鳥の羽毛も、角質（ケラチン）でできている。

こう書くと、最初の「原始的な」ウロコは魚のウロコ――つまり真皮の中にできた骨性の薄板であって、それが進化して爬虫類の角質のウロコになった、と思われるかもしれない。

ところがそうではないのである。何億年にわたる地球の長い歴史の中で爬虫類の先祖である両生類が魚類から生じたとき、新しくできた両生類の仲間にはウロコはなかった。

もう少し正確に、つまりもう少しめんどうくさくいうと、両生類が生まれるもとになった魚類とは、今われわれがふつうに「魚」といっている魚類ではない。今の魚は最初の両生類よりずっとのちになって生まれてきた。両生類の先祖になった魚類とは、シーラカンスとか肺魚とかいう、「古代型」の魚だった。彼らは「ひれ」というよりは肢に近いひれをもち（ややこしい！）、それが両生類の肢になった。今われわれが「魚」とよぶ近代型の魚は、その肢に近いひれをまったく肢ではない、完全な「ひれ」に変えてしまったのである。

こういう古代型の魚にウロコはなかった。だから、それらから生まれた両生類にウロコがなかったのも当然だといってよい。魚のウロコはもっとのちの「発明」なのである。

近代型の魚たちは、骨を作るのと同じプロセスでウロコを作り出した。皮膚の中に丸い平たい骨をたくさん作ることにしたのである。彼らはそれで体を守ろうとした。

一方、ウロコのない両生類は体を粘膜で覆ったり、皮膚を厚くした。そして両生類から進化した爬虫類は、皮膚の表面を角質で硬くしたウロコで覆うことにしたのである。

爬虫類から進化した哺乳類は、平たい板状のウロコをいわば細かく裂いて「毛」に変えた。爬虫類の仲間である恐竜の仲間にも、すでに毛の生えたものがいたという。

同じく爬虫類から進化したが、哺乳類とはちがう方向へ向かった鳥類は、爬虫類のウロコを、毛ではなくもっと複雑な構造の「羽毛」に変えた。きめの細かい毛や羽毛は、空気をよく保ち、大きな保温効果をもっていた。寒くなりはじめていた当時の地球で、それは哺乳類や鳥類にとってたいへんな利点であった。

しかし、進化というものは何でもできる。哺乳類の中には、せっかく発明した保温用の毛をまたウロコにしてしまったものがいる。センザンコウはその一つだ。アルマジロもそうである。柔らかい毛では不安だったのか、毛の一部を固く鋭い刺《とげ》にして身を守ろうとしたヤマアラシやハリネズミもいる。

センザンコウのウロコは、毛を何本も並べてくっつけたものだ。祖先がウロコを裂いて作った毛を、またくっつけて平たい板にしたのである。

こうしてできた二回目のウロコは頑丈にセンザンコウの体をおおい、敵から守ってくれる。けれど毛の保温機能は失われざるをえなかった。センザンコウは一年じゅう暖かい亜熱帯か熱帯にしか住んでいない。

みんな丸まる

「二月になると、森で子リスがゆらゆら眠る」というような詩を読んだ記憶がある。印象深かったわりには、作者の名前も正確な文章もさだかでないのだが、「ゆらゆら眠る」という表現が妙に頭に残っている。

ほんとをいうと、リスは子リスで冬を越すのかどうか、あまりよくわからない。冬を越すのはたしか、もう大人になってからではなかったろうか？

そんな詮索《せんさく》はまあよいとして、リスはまん丸くなって眠っているはずだ。あの太い温かそうなしっぽで体をくるんと包んで……。

そういえば、ヤマネも冬はまん丸くなって眠っている。

ヤマネはリスに似ているが、じつはリスの仲間ではなく、ネズミにずっと近い動物である。ネズミの仲間は冬ごもりも冬眠もしない。どんなに寒い冬でも、彼らはチョロチョロ走りまわって餌《えさ》を探す。これは彼らにとっては大変なことであろう。でもどういうわけか冬眠しないことにしてしまった以上、餌は食べなければならない。さもないとひもじくなって体が冷え、死んでしまう。

あの恐竜たちが滅びてしまったのは、彼らが変温動物だったからだともいわれている。地球上の気候がしだいしだいに変化して、少しずつ少しずつ寒くなっていった。変温動物はよく冷血動物ともいわれる。けれど、変温動物はいつも「冷血」なのではない。気温が高くて、日光をたっぷり浴びていれば、体の温度はどんどん上がる。ただしまわりが寒くなれば、それに見合って体温も下がって冷血になってしまうだけだ。そういう意味では、冷血動物よりは、変温動物のほうがより適切な呼びかたである。

地球上が一年じゅう寒くなってしまうと、変温動物はとても困る。体が温まるときがなくなり、いつも動きが鈍くなって、十分に餌もとれなくなるからだ。恐竜はこうしてしだいに滅びていったのだというわけである。

そのころ、恐竜のような爬虫類から、哺乳《ほにゅう》類が現れてきた。哺乳類は卵でなくて子どもを産み、その子を乳で育てるというのが最大の特徴だが、もう一つ彼らは、ほぼ同じころに同じように爬虫類から現れた鳥類と並んで、温血動物であった。

世の中にはいいことばかりというものはない。動物の世界でもそれは同じである。

温血動物はまわりがいかに寒くても、体内で熱を発生して、「温血」を保つ。逆にまわりが暑くなると、汗をかいたり、大きな耳を冷却装置として機能させて体温を下げ、まわりが寒くても暑くてもほぼ一定の体温を維持することができる。そういう意味では彼らはほんとに「温血」なのである。冷血動物を変温動物と呼ぶのにならえば、温血動物は恒温動物と呼ばれる。

しかし、恒温動物が「恒温」であるためには、エネルギーが必要だ。そのエネルギーはもちろん食べものからくる。そこでネズミたちは、寒くても動ける恒温動物であるがゆえに、寒くても動きまわって餌を探さねばならなくなってしまったのだ。

ヤマネはそれがいやだった（のだろう）。彼らは冬は恒温動物であることをやめて変温動物になり、冬の餌探しをしなくてもすむようにした。冬は気温の下がるにまかせて体温も下げ、冬眠する。彼らはネズミの誇りを捨てて、冬は丸くなって眠るのだ。

冬に眠っているヤマネは、ほんとに丸くなっている。でも、冬と限らず、ヤマネは夏でも眠るときは丸くなっているらしい。ネコも眠るときは丸くなる。イヌも丸くなって眠るが、体が硬いせいか、ネコやヤマネほどまん丸くならない。

われわれ人間にはあんなに丸くなって眠るのは無理だろう。ヤマネやネコは、丸くなって眠ったほうがよく眠れるのだろうか？

どうもそうではないらしい。ヤマネはどうだか知らないが、ネコがほんとに安心した状況で思いきりリラックスして眠っているときは、体をうんと伸ばしたり、あおむけになっている。どうやらわれわれが大の字になってぐっすり眠っているときと同じ姿なのだ。

丸くなって眠ることの利点は、まず腹が冷えないということだろう。どんな動物でも、腹は背中よりずっと冷えやすい。

四つ足で背中を上にして歩く一般の哺乳類は、背中のほうがずっと頑丈にできている。厚い毛皮も背中側にあり、寒気や危険から大事な背中を守っている。

しかし腹側だって大事である。内臓は腹側にある。胸は肋骨《ろっこつ》で守られているけれど、腹を守るものは何もない。皮もうすく柔らかいので、ほとんど無防備に近く、体温も発散しやすい。

起きて動いているうちはいいとして、眠りこんでしまったら、腹側は危険にさらされる。危険は二つある。腹側を敵にがぶりとやられたら、致命傷になるだろうということと、眠っていて体温調節の機能が低下しているときは、腹側から熱を失っていき、腹が冷えるだけでなく、体温を保つうえでぐあいがわるくなるだろうということだ。

そこで多くの動物は丸くなって眠ることになる。この二つの危険から腹側を守るためである。

アルマジロはセンザンコウよりもっと徹底した「よろい」を着ているが、そのよろいももっぱら背中を守っているだけだ。腹側を守るためには、アルマジロはくるりと丸くなる。

ハリネズミもそうだ。こういう動物たちは、危険を感じるほど、ますます丸くなり、その姿勢を強固にとりつづける。

哺乳類とはおよそ縁が遠い動物もまったく同じことをする。甲殻類、つまりエビに近い仲間であるダンゴムシも、危険を感じるとくるんと丸くなる。この丸は完全で、ダンゴムシはまったく球となり、斜面だったらコロリンコロリンところがり落ちていく。

歩いているとき、ダンゴムシは腹側をぴたりと地面につけている。だからこの状態では、彼らの腹側は守られている。問題は彼らが体を横に倒したときである。そんなとき彼らはくるりと丸くなって腹側を守る。

ダンゴムシは変温動物である。腹側から熱が失われていくことを心配する必要はない。だから彼らが丸くなるのは、もっぱら急所としての腹側を守るためなのである。

熱帯には巨大なタマヤスデがいる。ヤスデの仲間だが、ダンゴムシのような形で、しかも体長は十センチ以上ある。こいつもやはりくるりと球になってしまうのだ。昆虫も驚くと丸くなるものがたくさんいる。こんなにさまざまな動物が、みんな腹側を守るために丸くなるとはおもしろいことである。目的はみな同じであり、そのために同じことをしているのだ。

飛ぶために体を頑丈な箱にしてしまった鳥たちは、こんなふうに体を丸めることができない。鳥たちにとっても腹側は急所である。彼らは腹側を地面か木の枝にぴったりつける以外には、腹側を守るすべがない。しかし、空を飛べるという彼らの特技が、このデメリットを補っているのだ。とにかく動物の世界でも、すべてにいいことというものはない。

「同じ」と「ちがう」

動物というのはふしぎなものだ。一見まるでちがうようにみえながら、動物学的に同じ仲間であれば、変なところでじつによく似ているということがしばしばあるのである。

たとえばセミの子だ。信州ではセミの子を食べる。夏の夕方、地中から出てきてセミになる、あのセミの子である。

セミの子、つまりセミの幼虫は、夏、親ゼミが枯れ枝に産んだ卵からかえると、地上に落ちて土の中に潜りこむ。なぜ枯れ枝かというと、生きている枝に産むと、枝はやに（樹脂）で卵を殺してしまうからである。高い枝から落ちてなぜけがをしないかというと、卵からかえったばかりの幼虫は小さくてとても軽いからだ。

それはともかく、地中に潜った幼虫は、木の根を探してそれに口吻《こうふん》（くちさき）をさしこみ、木の根の中を流れる樹液を吸う。木の葉や実とちがって、樹液にはあまり栄養はないから、セミの幼虫が育つには何年もかかる。セミの子がいよいよセミになるために地上にでてくるのは、地中に潜って五、六年後の夏である。

信州で食べるのは、こうして地上にでてきたセミの子ではない。冬の間、まだ地中にいて根の樹液を吸っているのを掘ってつかまえたものだ。それをさっとから揚げにする。樹液だけで育ったセミの子は、臭みもなく、おいしい。そしてなんと、エビそっくりの味なのだ。

セミは昆虫、エビは甲殻類だが、どちらも同じ節足動物の仲間である。セミの足は六本、エビの足は十本。セミには翅《はね》がある。そしてセミは陸上に住んでおり、エビは海に住んでいる。けれど、同じ節足動物だから、タンパク質も似ている。だから味も似ているのだ。

オットセイやアザラシは海にいる。ただし、ロシアの大陸のまっただ中にある淡水の大湖バイカル湖には、バイカル湖特産のアザラシがいる。いつ、どこから入ってきて特別な種に進化したのか謎《なぞ》とされている。

オットセイやアザラシの仲間は、鰭脚《ききやく》類と呼ばれている。脚が鰭《ひれ》になっているという意味だ。ひれになった脚は海中を泳ぐには最高だが、陸地を歩くにはおよそ不向きである。浜辺を歩いているオットセイやアザラシを見ていると、もどかしくなるほど不器用な歩きかただ。

しかし、いったん大海の中へ入ったら、彼らの動きは自由自在である。脚ばかりでなく、彼らの体ぜんたいが、泳ぐためにデザインされている。

体は見事な流線形。水の抵抗をできるだけ少なくしている。ふつうはすぐ目につく耳もなくて、頭は異様に丸っこい。

その点は、同じく海に住むクジラやイルカも同じである。クジラやイルカは、毛もすっかりなくして、最大限に水の抵抗を減らしている。水族館でイルカにさわってみたことのある人なら知っているだろうが、イルカの肌はまるでジュラルミン製のようだ。飛行機にさわっているような気さえする。

アザラシやオットセイは、「アザラシの毛皮」といって珍重されているとおり、ちゃんと丈夫な毛が生えている。一生を海水の中で過ごすクジラやイルカとちがって、アザラシやオットセイは、少なくとも子どもを産むときに地上にでるからだろう。

けれど、同じように海にいるからといって、クジラ・イルカたちとオットセイ・アザラシたちは、同じ仲間ではない。クジラやイルカは「クジラ類」という独立した仲間に属している。彼らも哺乳《ほにゅう》類だから、もともとは陸上にいた祖先が大昔に海に入り、今のような独特の動物に進化してきたのである。

それに対して、オットセイやアザラシは、犬やネコと同じ「食肉類」の仲間である。食肉類だから、オットセイやアザラシは海中の魚を捕らえて食う。逃げていく魚の尾びれの動きが、彼らの摂食行動をひきおこすといわれている。獲物を捕らえるためだろう、口先はあまり流線形になっておらず、犬のような食肉類の顔つきそのままである。

ジュゴンのような「海牛類」は、もともとはゾウのような動物から進化したと考えられている。ゾウは植物を食べる草食獣である。だからジュゴンも海藻を食べている。動物たちは驚くほど先祖に忠実なのだ。

犬やネコなど、われわれにとって典型的な食肉類は「裂脚類」と呼ばれている。指が一本一本分かれているからだ。それに対し、オットセイやアザラシの属する鰭脚類では、脚はひれのようになっており、指などというものは見当たらない。

裂脚類と鰭脚類はこんなにちがうのに、動物学者はなぜこの二つを同じ食肉類という仲間にまとめてしまうのか？　それは頭骨の構造をはじめ、全身の骨格が、あまりにもよく似ているからである。

植物は花で仲間分けをする。哺乳類をはじめ脊椎《せきつい》動物では、骨格とくに頭骨の構造で仲間分けをする。外観はどんなにちがっていても、である。だから植物では、小さな草と巨大な木が同じ仲間だったりする。

鰭脚類と裂脚類が、同じ食肉類の中の小分けにすぎないことを小学生のとき図鑑で知って、ぼくはどうしても納得できなかった。けれどあるとき動物園へ行って、アザラシが糞《ふん》をするところを見た。あの不器用なアザラシがした糞は、犬の糞そっくりだったのである。

木登りの進化論

日本語と中国語は文法構造がまったくといっていいほど異なるのに、同じ文字（漢字）を使っているものだから、ときどき変なまちがいがおこる。

「登竜門」などはその典型であるし、近ごろ流行の「失楽園」もその例である。

「登竜門」というのはいうまでもなく、ある分野でひとかどの地位に昇るために乗りこえねばならぬ難関のことである。かつては東大がそうであった。東大入学は日本の高級官僚への登竜門であったし、俳優にとってはある映画への出演が、その道への登竜門であった。

けれど、本家本元の中国には「登竜門」などという門はないのだそうだ。だれかの文章でぼくがそれを知ったのは、恥ずかしながらわりと最近のことである。

中国ではたしかに「登竜門」という。けれどこれはまさに「登・竜門」なのであって、他動詞はその次に目的語がくる中国語では、登竜門は「竜門を登る」ということなのだ。英語でいえば「climb the 竜門」。存在するのは「竜門」という門なのであって、それを登り越えるかどうかが問題なのだ。けっして「登竜門」という門があるのではない。「失楽園」にしてもそうだ。失楽園というと、そういう名の園があると思ってしまう。そうではない。「楽園を失う」という意味であって、失楽園という場所があるわけではない。この間も、あるバーで、だいぶ酔った女の子が、「あのホテルこそあたしの失楽園よ！」なんていきまいていたけれど、これはナンセンスだ。英語ではたしか"paradise lost"つまり「失われた楽園」だったと思う。このほうがよっぽどはっきりわかる。

中国語の生半可な解釈はしばしばこのような誤解を生むものだが、その点では「木登り」とか「山登り」という純然たる日本語は心配がない。それはまさに、木に登る、山に登るということを意味していて、これを中国語の表現にしようとしたら、登木、登山とひっくり返しにしなくてはならない。

幸いにして動物の日本名は、ちゃんとした日本語でつけられている。だから、キノボリトカゲとかキノボリ何とかという名の動物がたくさんいる。カンガルーは本来は日本語ではないが、カンガルーと書いたとき、それはもう完全な日本語だ。センザンコウも同じこと。そうなると、キノボリカンガルーとかキノボリセンザンコウというものも存在することになる。

キノボリトカゲとかキノボリカンガルーとかわざわざ「キノボリ」をつけて呼ぶのは、そのトカゲやカンガルーがほかのトカゲやカンガルーとちがって、よく木に登るということを意味している。つまり、そのほかの種類のトカゲやカンガルーは木に登らない、ということだ。

そうすると、ではなぜこの種類は木に登るのか、木に登って何をしているのか、何のために木に登るのか、木に登ると何の得があるのか、木に登るためにどんな特別な体をしているのかといった、動物学的な、ナチュラル・ヒストリー的な問いが次々に出てくる。これらの問いはいずれもじつに興味深く、そして奥深いものであって、それがわれわれの思索をさらに深いものにしてくれる。

いうまでもなく、キノボリトカゲはトカゲの仲間だ。トカゲというのは、本来、地上を走って獲物を捕らえる爬虫類《はちゅう》である。同じ陸上爬虫類でも、地上をのそのそ歩きまわって植物を食べるカメ類とはちがう。水の中にかくれていて陸上で獲物をとらえるワニ類ともちがう。同じような生活をしているヘビ類はトカゲとはごく縁が近いが、手も足もないという点ではものすごくちがっている。

地上を走るはずのトカゲがなぜ木に登ったか？　それはたぶん、木の上にいる虫を食べるためだったのだろう。地上で虫を食っているほかのトカゲたちとの競争を避け、おれは木の上で食うぞ！　といって木に登ったにちがいない。そしてそれなりの体のしくみも発達させて、木の上でうまくやってきたにちがいない。だから熱帯地方には、たくさんの種類のキノボリトカゲがいる。

けれど、キノボリということばにはまた別のニュアンスもある。つまり、「木に登る」のは地上から木に登るということだ。はじめから木のてっぺんにいるものには、キノボリということばは使うまい。

フクロウは林や森にいる。彼らはいつも木の上にいる。獲物のネズミを捕るときだけ、地上に舞い降りてくる。だから、キノボリフクロウというものはいない。むしろ、「フクロウのくせに」といわれるのは、地面に巣をつくるアナホリフクロウである。

しかし、サギ（鷺）は木の上に巣をつくるが、われわれがいつも見かけるのは田んぼや川原にいる彼らである。だがわれわれは、けっしてキノボリサギとはいわない。

これにはどうも二つのことがありそうである。一つはわれわれのもつイメージ、あるいはもう少しむずかしくいえば概念の問題であり、もう一つはもっと具体的な動作の問題である。

具体的なことからいうと、たとえばサギは田んぼから飛び立って、巣のある木に降りる。彼らはけっして「キノボリ」などしない。木をよじ登っているサギなど、だれも見たことがない。だからキノボリサギなどということばはできないのだ。

概念の問題のほうはもう少し複雑である。かつて両生類から爬虫類ができたとき（今から何億年という昔の話である）、爬虫類は地上を走るものとして進化した。その「概念」はわれわれにしみついている。

その爬虫類の一つの典型であるトカゲが木に登るのである。だからキノボリは異例なものとして受けとられる。

しかし、地上を走るものが太い木の幹の上を走るのは、それほどむずかしいこととは思えない。センザンコウにしてもそうである。ヤギなどは急な岩山を走りまわるのに適している。平らな草地で彼らを飼うようになったのは、むしろ岩山に住めないわれわれ人間が彼らに強いたことであった。だからヤギが木に登ったってふしぎはない。

むしろふしぎなのはキノボリカンガルーである。カンガルーたちはオーストラリアの平原に生きるべく生まれてきた動物だ。あの強力な後肢、そして特殊な方向に発達した前肢。とても考えられないような進化の産物である。そしてその中から木に登るようになったものが現れるとは！

こういうふしぎな進化が偶然の突然変異と自然淘汰《とうた》で生じたとすることについ疑念を抱く人も多かろう。けれどもぼくはイギリスの動物行動学者のリチャード・ドーキンスがその著『ブラインド・ウォッチメイカー』（早川書房）で述べている「累積的淘汰」の概念で一応納得できるような気がしている。

空を飛ぶ動物たち

空を飛ぶということは、人間の夢であったばかりではない。少々誇張していえば、すべての動物たちが空を飛ぼうとした。

その夢を最初に実現したのは昆虫であった。今から四億年も前に、昆虫たちは、体の胸や腹の側面に生じてくる平たい出っぱりを活用して、四枚の翅《はね》をつくることに成功した。彼らはこうして、六本の肢《あし》はそのままに、翼を獲得して、自由に空を飛びまわることになった。

次に空を飛んだのは、いわゆる翼竜類と呼ばれる爬虫類だろう。地上を恐竜類がのし歩いているころ、翼竜類は高い空から地上を見下ろして、わがもの顔に振る舞っていたと思われる。ただし、彼らが空中でどんな獲物を捕らえていたのか、ぼくはよくわからない。鳥はまだ現れていなかったから、彼らの獲物は鳥ではなかった。昆虫はもうたくさんいたはずだが、これら古代昆虫が翼竜の飛ぶ高空まで舞い上がれたかどうかは疑問である。

それにだいぶ遅れて鳥が現れた。といっても、鳥が翼竜から進化したわけではない。鳥は当時の爬虫類のまったく別な仲間から生まれてきた。その仲間とは恐竜類であった。だから今日、鳥は恐竜類の仲間に加えられることもある。もしそれが正しいとすると、恐竜はけっして絶滅していないことになる。

とにかく鳥は(翼竜もそうであったが)、翼を手に入れるために相当な代償を払った。四本しかない肢の前二本を翼に変えてしまったので、肢は二本しか残らなかったのである。

しかし、たとえ肢は二本しかなくても、空を飛べるということは絶大な利点であった。

鳥たちはさまざまに分化して、たくさんのヴァラエティーを生みだし、世界じゅうの陸地と海に住むことになった。

その後、トビトカゲとか、トビヘビとか、トビガエルとか、苦労して空中を滑空するものも現れたし、胸びれを翼に変えたトビウオも出現したが、飛行能力と飛ぶスキルにかけては、遠く鳥には及ばなかった。

鳥に少し遅れて現れてきた哺乳類《ほにゅう》は、本来は飛ぶことなど考えていなかった。のさばり歩く大型の恐竜たちの目につかぬよう、草のかげにかくれ、時間的にも昼行性の恐竜たちが寝しずまった夜に、こそこそと出てきて食物をあさり、性の営みをする、いわば日かげもの的存在であった。

しかし恐竜類の衰退に伴って、哺乳類は舞台の正面へ出てきた。こそこそした食虫類やげっ歯類から、牛や馬、さらにはサイ、ゾウなどという超大型の種《しゅ》が生まれ、海へ進出したクジラは、恐竜をはるかにしのぐ、まさに地上最大の動物となった。そして、当初の「意図」とは反対に、空を飛ぶ哺乳類さえ現れてきたのである。

しかも、その飛び方もさまざまであった。もともと空の動物として生まれた鳥類が、すべて前肢の変形である翼という基本形をまったくくずしていないのに対して、哺乳類の工夫は多岐にわたっている。

まず有名なモモンガやムササビだ。カンガルーを除けば、前肢はちゃんと前肢として使うことを前提にした哺乳類は、鳥の方式をとることはできなかった。そこでムササビやモモンガは、前肢と後脚の間の皮膚を張り出して皮膜にし、これで滑空することにした。

体側の皮膚の張り出しであるから、骨などという支えはない。けれど逆に、使わないときはさりげなく体側にたたみこんでおける。すばしこく木によじ登っていくときには、何のさまたげにもならない。そしていざ飛ぼうというときには、前肢と後脚をぴんとつっぱれば、広い軽い皮膜となって、相当な距離を軽々と滑空できる。

不便なのは彼らの飛翔《ひしょう》が滑空であることだった。滑空とは空気の浮力を利用して空中を斜めに降下していくことである。そのためにはまず高いところに登らねばならない。ムササビは高い木によじ登って、そこからえいっと飛び立つ。滑空していくにつれて高度は下がっていく。長距離を飛ぶには中継点も必要だ。何本か先の高い木の下枝に着地して、そこからまた木をよじ登る。そしてそのてっぺんからまた次の滑空に移る。

一回の滑空で飛べる距離は限られている。もし適当な中継点がなくて、地上に降りてしまったら大変だ。木を登るのは得意なムササビは、平たい地上をすばしこく走るのが苦手である。運悪くそこで人間でも通りかかろうものなら、ムササビは体をちぢめて人をにらむだけだ。この窮状に陥ったムササビを見た人が、それを太く短いヘビだと誤認したのが例の「ツチノコ」ではないかと大谷大学の日下部《くさかべ》有信《ありのぶ》先生は考えている。

現在、街中や街外れの小山や社寺林などに住むムササビは、かなり苦しい目にあっている。少し向こうの鎮守の森へ行こうと思っても、途中を中継してくれる高い木がない。長年ムササビの研究をしている都留《つる》文科大学の今泉吉晴先生は、自力で中継用の高い柱を立てた。

さらに、滑空の途には、何本もの電線が通っている。それを避けるのに舞い上がるわけにはいかない。それほど小さな哺乳類ではないムササビが滑空中に高度を上げるには、相当強い上昇気流が必要である。ちょうど都合よいときにそのような上昇気流がいつも期待できるわけではない。やむなく長くて太い尾を水平尾翼のように使って高度を下げ、電線の下をくぐり抜けるほかはない。けれどいったんそれをやったら、二度と舞い上がるわけにはいかないのだ。

ヒヨケザルと呼ばれる哺乳類も飛ぶ。サルとはいってもサルではなく、皮翼類と呼ばれる特別な仲間に属している。このヒヨケザルもまた滑空をする。けれど滑空のための膜は、前肢、後脚、そして尾の間に張った薄い皮膜である。皮膜の効率はムササビ・モモンガよりいいらしい。ボルネオその他の島々の熱帯雨林の中で、彼らはかなり自由度の高い滑空飛翔をやっている。けれどどのような理由からかはわからないが、ヒヨケザルの数はごく少なくなって、もはや絶滅に瀕《ひん》している。ぼくもこの動物に林の中で出会ったことはない。彼らもまた、近代化の波に押されている熱帯雨林の中で、滑空の悩みを味わっていることだろう。

哺乳類の中でコウモリだけは特別の道を歩んだ。彼らもまた皮膜を翼にしているのだが、そのやり方はほかの哺乳類とはまったくちがう。

コウモリは前肢の指を思いきり長くし、その間を皮膚で連ねて、ごく薄い被膜にした。そしてその皮膜の後端は後脚の指まで至っている。

指を閉じれば皮膜はまさにこうもり傘のように閉じる。鳥とはちがう方式で前肢を翼にしてしまったコウモリは、休むときには後脚でぶら下がることにした。交尾もこの姿勢でおこなうし、出産もそうである。すべて上下が逆になったかにみえるコウモリたちも、飛ぶときは頭を先にして、口か鼻から出す超音波であたりを探りながら敏捷《びんしょう》に動きまわる。

そして、コウモリのもっとも偉大な点は、彼らがこの皮膜で滑空をするのではなく、この膜状の翼を自由自在に動かして、いちじるしく性能のよいヘリコプターとなったことである。これほど飛翔上手な動物は、ハエとコウモリと、そしてハチドリぐらいしかいない。

動物からの発想

われわれの発想から考えてみると、おかしな動物はたくさんいる。でも動物の側から発想すると、それはしごく当たり前のことなのかもしれない。たとえばコウモリのつぶれた鼻。見れば見るほど、不細工な外観だ。でも超音波をできるだけ効率よく発射しようという彼らの発想からすれば、これはすこぶる合理的だ。枯れ葉の形をしたコノハチョウ、小枝に似たシャクトリムシ。彼らのからだは、周囲に埋没して身を守るという発想からそのようにできてきた。

目の形にもいろいろある。人間と昆虫とでは目の構造がまったく異なっている。したがって、彼らが見ている世界と、われわれが見る世界は違うのだ。メタファーではなくリアルに見方が変わるのだから、当然発想も異なってくるだろう。

動物からの発想で考えてみると、いろんなものが見えてくるに違いない。

一つの目

動物たちには目があって、あたりを見ている。われわれ人間も目があって、あれこれのものを見ている。

目の構造はきわめて複雑だ。そして、動物によって目の構造はまったくちがう。

たとえば、昆虫の複眼。昆虫の目は、われわれのと同じく、頭に二つついている。けれど、そのそれぞれは、何千という小さな目（個眼）からできている。

このような構造をした複眼で、ものはどのように見えるのか、昔からいろいろな議論があった。もっとも広く信じられているのは、「モザイク説」である。

つまり、昆虫の複眼は、その何千という個眼に映る像によって、世界をモザイク状に見ている、というのである。

じっさい、昆虫の目を頭からはずし、それをレンズにして写真をとる装置をつくり、それでものを撮影してみると、そのものはほんとうにモザイク状にうつる。

けれど、これはものごとのごく一部にすぎない。目は単なるカメラではないからである。われわれ人間の目だって、網膜（カメラでいえばフィルムに相当する）に映った像は、上下さかさまになっている。これをわれわれがそのまま感じとっているとすれば、われわれには世界がすべて上下倒立して見えるはずである。

しかし、目のうしろには脳がある。われわれが世界を見るのは、目ではなく、脳によってである。

上下が倒立して見えるレンズをはめた眼鏡をかけてみた研究者がいる。この眼鏡をかけると、網膜には正立した像が映ることになる。しかし、その研究者に見えた世界は、完全に上下がさかさまになっていた。

その人はこの異常な世界にじっと耐えて、一週間ほどその眼鏡をかけつづけていた。そしてある日、世界は突然に正立した。脳が情報処理のやりかたを変えたのである。

彼は倒立眼鏡をかけたまま、正立した世界を見るようになった。

そのおよそ一週間後、彼は倒立眼鏡をはずした。彼の網膜に映る像は上下倒立したものに戻った。すると何ということか、見える世界は倒立してしまったのである。彼の見る世界がふたたび、正立した「正常な」ものになるにはまた一週間ほどかかった。

昆虫にしても同じことである。昆虫たちも目ではなく、脳で世界を見ている。彼らの脳が見ている世界は、モザイクではない。ちゃんとまとまったものとして見ているようである。とはいえそれは、われわれの見ているのと同じなのではない。昆虫には、われわれには見えない紫外線が見えるから、世界の色もわれわれの見るものとはまったく異なっているはずである。彼らの見る花と、われわれの見る花とは、色がまったくちがうと考えられる。「考えられる」としかいえないのは、われわれがその色を実感することができないからである。

動物たちは、ふつう左右二つの目をもっている。上下に二つもっている動物はいないが、上下・左右計四つの目をもっている動物はいる。有名なヨツメウオ（四つ目魚）とか、水生昆虫のミズスマシがその例だ。こういう動物たちは、上下に分かれた目で、水面の上と下を同時に見ているのである。

それでも、目が左右に二つあることは共通している。われわれ人間の目も左右に二ついている。これでわれわれは遠近を判断し、ものの奥行きを見ているとされている。つまり、目が左右に二つあることによって立体視ができるというのである。人間が絵画そのほかの芸術を発達させたのもそのおかげだと、昔の本には書いてあった。

それはたしかにそのとおりかもしれない。人間の顔は平たくて、そこに目が二つついている。立体視をするのに大変ぐあいがよい。

サルやネコやパンダの顔もかなり平たくて、両目でまっすぐ前を見ている。きっと彼らも、世界を立体的に見ているのであろう。それなのに彼らは芸術を発達させなかった。ネコは画用紙にマジックで描いたネコの絵を、ほんもののネコだと思う。画用紙に描いた絵だから、これはまったく平面的なものである。それでもネコは、これを立体的に見ているらしい。

イヌとかキツネになると、顔はずっと細長くなり、目はその左右についている。これで立体視ができるのだろうか？　大丈夫、彼らは眼球を前方へ動かして、ちゃんと両目で前方を見ている。目が完全に顔の左右に分かれてしまっている魚でも、この方式で前方を見ているそうである。水族館で大きな魚と目が合ってしまうのは、きっとこのためである。

鳥たちはわれわれと同じ色を見、われわれと同じものを見ている。ハチに擬態したハエに惑わされるのは、鳥と人間であって、ネコやイヌは惑わされない。鳥と人間の目が同じようにものを見ている証拠といえるだろう。学習によってピカソの絵を見分けるハトだっているのである。ピカソの絵をおぼえたハトは、はじめて見せられたマチスの絵とモネの絵を区別できるという。

けれど、鳥たちがものを見るしくみは、人間のそれとはだいぶちがうらしい。鳥たちの目は、魚の目と同じように丸いけれど、目を前方へ寄せてみつめたりすることはない。目をじっとしているだけで、片目で百八十度以上の視野があるといわれている。両目をあわせると、三百六十度以上、前を向いていても真うしろが見えている。しかも、両目の視野はまん前と真うしろでは重なっているから、だまっていても立体視ができる。

こうなっていると、かえってものがぼけるのだろうか。鳥たちが緊張してあるものを凝視するときは、顔をそらし、どちらかの側の片目でじっとみつめる。コンラート・ローレンツが『ソロモンの指環《ゆびわ》』で書いているように、彼らは「一つの目で」凝視するのである。だから鳥たちと「目が合う」ことはない。

何日か前、眼鏡がどうもうまく合わなくなったので、作り直そうかと思って眼鏡店へ行った。

「とにかく調べてみましょう。そこに座ってください。額を前につけて、レンズの中をのぞいてください」というわけで検眼が始まった。

検眼の器械も近ごろはたいへん進んでいて、何もいわなくても、どう見えているかがわかるらしい。どういうしくみになっているのかな、とふしぎに思っていると、「レンズから目を離して、両手の指で輪を作ってください」といわれた。

右手の親指と人さし指を丸めて輪を作る。それに左手の指を重ねて、ちょうど手で遠眼鏡を作るようにする。そしてそれを通して、むこうの掛け時計を、両眼で中央に見るようにする。

ここまでは何の変わったこともない。両手の指で作った輪は、目から十センチぐらい離し、それを通して両目で時計を見る。

「左目をつぶってください」。いわれるままに左目をつぶる。とくに変わったことはおこらない。時計は前と同じように、指の輪のまん中に見える。

「では、今度は右の目をつぶって左目で見てください」

いわれるとおりに、左目をあけて右目をつぶる。すると何ということか。左目には左手の甲しか見えず、時計はそのかげになってしまってまったく見えないではないか！

あわてて右目をあけてみる。時計はぽんと指の輪の中央にもどる。もう一度右目を閉じる。とたんに手の甲しか見えなくなる。

「あなたの利き目は右ですね」眼鏡店の人はいった。

そうか。ぼくはずっと両目でものを見ているのだと思っていた。その左右の視力に差があると、ものが見えにくくなるのかと思っていた。

ところがそうではなかった。ぼくは鳥のように「一つの目で」世界を見ていたのだ。

実際には、左右どちらか一つの目で世界を見ているのに、両目で見ていると思いこんでいる、ということはたくさんありそうだ。かつての社会主義ソ連の人々は、きっと左目が利き目だったのだろう。でもソ連では、資本主義国の人々は右目でしかものを見ていないと思っていたのかもしれない。

変身は願望か？

アリストテレスにとって、昆虫の変態とはきわめて不可解なものであったらしい。岩波書店から出版されている『アリストテレス全集』の動物学関係の巻を訳しておられた島崎三郎先生から、次のような話を聞いたことがある。

アリストテレスにしてみると、すべての動物は卵から生まれるべきものである。すると、チョウはサナギから生まれるから、サナギはチョウの卵である。けれどこの「卵」の前には幼虫がいる。だから幼虫はサナギという卵の前の卵である。しかし困ったことに、幼虫は卵からかえる。そうすると、サナギという卵があって、その卵の前には幼虫という卵があり、さらにその前に卵がある、ということになってしまうのだ。

まさにアリストテレス流の解釈だが、アリストテレスが困ったのもよく理解できる。というのも、「変態」とはじつにふしぎな現象だからである。

そもそも一見したところ肢《あし》も翅《はね》もないころっとしたかたまりのようなサナギから、時がくるといきなりチョウが出てくるのがふしぎだ。

一見何もないものから翅や肢や長い触角の生えたチョウが出てくるのだから、翅も肢も触角もサナギの時期にサナギの中でつくられるのだと思ってしまうのも無理はない。「サナギの中では体がどろどろになって、親（チョウ）の体につくりかえられます」なんて書いてある本もたくさんある。「サナギのように生まれ変わろう」という表現もなかなかかっこよく聞こえる。

けれど残念ながら、実際にはまったくそのようにはなっていない。

翅はサナギのときからもう生えているのだ。肢や触角も同じこと。

サナギの表面をよーく見てほしい。体にぴったりくっついているとはいえ、サナギの腹側左右にはたしかに翅がついている。左右の翅の間にはまっすぐ伸びた肢もあるし、まん中には長い口吻《こうふん》もある。

チョウの幼虫がサナギになったばかりでまだやわらかいうちに見ると、このことがよくわかる。しばらくするうちに、それらが体にぴったりくっつき、固くなって、ドイツ語でいうミイラ・サナギになるのである。

つまり、サナギはもうチョウの形をしているのだ。もちろん長い触角もついている。サナギの中でおこっているのは、幼虫時代に貯えた栄養がどろどろになって、外側はもうちゃんとできている翅や肢や口吻や触角その他の中に運ばれ、内部を補強していくだけのことなのである。けっしてすべてがどろどろになって、体のつくりかえをやっているわけではない。

サナギになったときにはもう翅が生えているとすると、この翅はいつできたのか?

チョウの幼虫はだれでも知っているとおりいもむしや青虫である。いもむしや青虫をいくら見ても、もちろん翅など生えていない。

ところがである。こういういもむしや青虫を解剖したり、うすく切って調べたりしてみると、幼虫にはもう翅が生えていることがわかる。

ただしその翅は、体の外に生えているのではなく、皮膚の内側に生えているのだ。サナギになったら翅が生える場所の内側に体の中に向かってもう翅が生えている。けれど皮膚がそれをおおっているので、外からはまったく見えない。

とにかくこういうわけで、大きく育った幼虫には、体の内側にもうちゃんと翅ができている。ではその翅はいつできはじめたのか?

卵からかえったチョウの幼虫は、ふつう四回脱皮をして大きくなる。かえったばかりを一齢幼虫、それが脱皮したものを二齢幼虫、と呼び、四回目の脱皮を終えた五齢幼虫がいよいよサナギ脱皮をしてサナギになり、それがまた脱皮してチョウになる、というわけだ。

親のチョウにある翅は、サナギのときにはもう生えている。翅はサナギになる前の五齢幼虫にはもう生えている。ただし、体の外側にではなくて内側に。そこで四齢幼虫を調べてみると、なんとこれにももう翅はあるではないか！　ただし、外ではなく内側に。そして大きさはずっと小さい。

では三齢幼虫では？　驚くべきことに、三齢幼虫にも翅はちゃんとある。ただし、五齢と同じく体の内側に、そしてもっとずっと小さい。そして二齢幼虫でも同じこと。

そこで、卵からかえったばかりの一齢幼虫を調べてみると、驚くなかれ、翅はもうちゃんと存在しているのだ！　ただし、ほんの数個の細胞のみからなる「原基」とか「成虫芽」として。これが幼虫期を通じてどんどん細胞数を増し、翅の形に近づいていくのだ。

つまりいずれにせよ、卵からかえったばかりの一齢幼虫にも、ちゃんと翅の「成虫芽」は生えているのだ。

今から二十年と少し前、ぼくは当時存在していた科学雑誌「自然」に、「チョウの翅はいつ生えるか？」という論文を書いた。その答えは、幼虫が卵からかえったとき、であった。

こう見てくると、アリストテレスでなくとも、変態ということがわからなくなってくる。幼虫にはもうちゃんと小さな翅が生えているのに、なぜそれを体内にかくしておくのか？　まるでジキルとハイドと同じく、二重人格者ではないか！　なぜそんなことをする必要があったのか？

昆虫の中でも、「不完全変態」ということをするバッタなどは、もっとずっと正直だ。卵からかえった小さな幼虫には、もう小さな翅が生えている。その翅が脱皮のたびに大きくなっていき、最後に格段に大きくなって親になる。これにはあまり不可解なところはない。

変態とはそもそもギリシア語でいう変身のことだ。ギリシアでは変身は日常のことであった。ゼウスは白鳥に変身してレダと交わり、人は木に、木は人に変身した。だから昆虫が変身してもなんのふしぎもない。

けれど変身のプロセスがわかってきてみると、変身＝変態とはかなりふしぎな現象である。

カエルも変態する。子どもすなわちオタマジャクシは、泳ぎながら四本の肢をつくっていく。はじめ後肢が生え、次いで前肢がでる。えらはなくなって肺ができる。それと並行して、尾がなくなっていく。尾の細胞は死をプログラムされており、一定の時期がくると、細胞は自己崩壊していく。それはかつて自殺袋と呼ばれた自己消化酵素の袋が細胞の中にでき、ある時がくると、それが爆発して細胞が自ら崩壊してしまうのである。それでその成分は栄養として血液で運ばれ、生えはじめた肢やできはじめた肺をつくるのに使われる。

けれど、尾の細胞の「自殺」も、勝手気ままにおこるのではない。尾のへりのほうの細胞から順におこっていき、最後に尾の根元の細胞が自殺する。さもなくば、尾はポロリと落ちてしまう。細胞たちの自殺はプログラム化されているのである。いわゆるプログラムされた死だ。こういう死が、近ごろよく知られる「アポトーシス」である。

変態はプログラムされた死と隣り合った誕生なのである。

毒をめぐる動物学

「毒」というのは強烈なことばだ。人間の情緒の動きを関知する装置をつけてテストをしたら、どの文化の人でも「毒」という単語を見たり聞いたりしたとたん、ピッと針が振れるにちがいない。

毒のある動物はたくさんいる。中には猛毒のやつもいる。けれど有毒といわれる動物には二つのジャンルがある。

毒ヘビのように、相手に咬《か》みついて自分の毒を注入し、相手を倒すものと、自分が食べられたら相手がひどい目にあうものとだ。

第一のジャンルに属するのは、いわゆる毒ヘビをはじめとして、ハチ、サソリ、その他刺す虫である。これらの動物に対しては、人間ばかりでなく、どの動物も警戒している。

こういう動物の毒は、まず第一に自分の獲物を倒すためのものである。毒ヘビは獲物に咬みついて毒を注入し、獲物を麻痺《まひ》させてから食べる。スズメバチやサソリも同じだ。ジガバチとかベッコウバチはそうやって麻痺させた獲物を子どもの餌《えさ》にする。自分は花のミツを吸ってすませている。

だから毒ヘビは大きな動物には咬みつかず、むしろ自分から逃げていく。そんな大きな動物を麻痺させても、呑《の》みこめるわけがないからだ。ヘビの目はあまりよくないから、ヘビは動物の姿を見ているわけではない。その動物の足音や動きに伴う音で判断しているのだ。いろいろな毒ヘビのいるボルネオの山中で、ヘビたちが活動する夜に調査をしていたとき、ぼくはいつもわざわざ大きな足音を立てて、棒であたりの草木を叩《たた》いてガサガサいわせていた。そのおかげか、十年あまりの調査期間中、毒ヘビにやられたことはなかった。

ただしこのジャンルの動物たち、つまり獲物を得るために毒をもっている動物たちも、自分の身の危険を感じればその毒を使う。いきなりヘビを踏んづけたり、蜂の巣にぶつかったりすれば、やられるのは当然である。

もう一つのジャンル、つまり自分の体に毒をもっていて、食べられたら相手がひどい目にあうという動物の好例は、南米のヤドクガエルであろう。

草木の葉にとまっていて、小さな虫をパクッと食べて生きているこのカエルたちは、体にそれこそ猛毒をもっている。インディオたちはこのカエルの体をつぶし、それを矢じりに塗りつけて、毒矢として使っていた。カエル一匹で人間何人かを殺せるという。

けれどわからないのは、この毒は自分が食べられなければ効力を発揮しないことだ。食われてしまったら、元も子もないではないか。

けれどこれも身を守るためだということになっている。つまり今さらいうまでもないことだが、まちがってこのカエルを食べた動物は、その毒でひどい目にあい、今後似たようなカエルは食うまいと学習する。だから、何匹かの犠牲はあるが、仲間としては敵に食われなくなるのだ。

敵に早く憶《おぼ》えてもらうために、ヤドクガエルたちは、じつに派手派手《はではで》しい色彩もようをしている。思わず目を魅《ひ》かれるほど美しい。

だが、昔からいうとおり、美しいものには毒がある。ヤドクガエルたちにかぎらず、体に毒をもつ動物たちは、すべて美しく目立つ派手な「衣装」をまとっている。

するとこれを逆手にとって、自分には毒も何もないくせに、有毒の動物の派手な衣装をまとった動物が現れてくるのだ。これが擬態である。

自分の体に毒をもち、食べたら苦しめるぞ、という色彩を学習させて仲間を守るということの戦略は、動物たちが大昔から使ってきたものである。自分は危険なオオカミだぞ、近寄るな、手を出すな、食べるなと告げる派手な色彩は、警告色と呼ばれている。

ぼくがいつも強調しているとおり、擬態とは、無毒の動物がこの警告色を真似ることである。コノハチョウが枯れ葉に似ていたり、シャクトリムシが小枝に似ているのは、隠敵であって擬態ではない。敵が関心をもたないものに似ることによって身を守るのと、敵が関心をもって避けようとするものに似ることによって身を守るのとは、まったく正反対の戦略である。

日本で昔から恐れられてきたフグの毒は、長年にわたって研究されてきた。当時名古屋大学の平田義正先生によって、この毒の正体がテトロドトキシンというかなり特異な物質であることがわかり、フグはこの毒を自分の体内で作って肝臓に貯めるのだと考えられた。

もちろんそれは、フグが自分の身を守るためだとされていた。けれどそれにしてはフグの体の色・もようは、それほど派手な警告色ではない。もっと目立つ魚はたくさんいる。

その後の研究で、フグの毒のストーリーは一変した。フグは自分であの毒をつくるのではない。食物にしているものの中にほんのわずかに含まれているテトロドトキシンを、自分の体に貯めていくのである。そしてこの毒は自分の身を守るためのものではない。産んだ卵を守るためなのだ。

フグはものすごい数が集まってきて、あるきまった場所の海底に産卵する。そこには大量のフグの卵が産みつけられているので、いろいろな魚がこの卵を食べにくる。けれどこの卵は毒を含んでいるので、少し食べた魚は気分が悪くなってもうそれ以上食べない。それを見たほかの魚たちも食べなくなる。こうして卵は、かなりの犠牲は払うけれど、全体としては食べられずにすむというわけだ。フグの肝臓の毒が何の役に立っているのか、ぼくはよく知らない。きっと何かの意味はあるのだろう。

とにかく、ヘロドトスやイソップの昔から今日現在に至るまで、人間が他人に毒を盛る話は尽きない。けれども動物の世界における毒の物語はもっともっと複雑である。

タコの「凌辱《りょうじょく》」

タコはわれわれ日本人には大変なじみの深い動物であるが、よくよく見てみると、ぜんぜんなじみのない動物であることがわかってくる。

丸い頭に足が八本生えている。この形はだれにとっても理解しやすい。なんとなく人間を思わせるからだ。

その八本の足をくねくねさせて、タコはよく歩く。昔、瀬戸内の地方では、漁師がその朝とれた生きのよい海の幸を、自転車の荷台に積みあげた箱に入れて売りにきたものだ。もうちょっとまからんかいな?――そうやなあ、なんていうのんきな会話。まだピチピチした魚をさばいたりしているうちに、おおい、大変やわ、タコが逃げとる! てなことにもなった。

タコの足の筋肉は強いので、海の中のみならず、陸の上でもタコは歩けるのだ。けれど八本の足のうちの二本で立って、四本で頭を掻《か》いている、などというのはウソである。タコの足がいかに丈夫でもそんなことはできない。

この八本の足は、丸い頭から生えていると思われている。それはウソではない。けれど、頭としか思えない丸い部分は、じつは胴体なのである。この胴体の中には、脳ではなくて、胃とか腸とか肝臓などという、ふつうの内臓が入っている。

そして頭は、この丸い胴体のいちばん下の部分にある。そこに口があり、大きな二つの目もそこにある。そして、この口を取り囲むように八本の足が生えている。

だから、足はたしかに頭の下に生えているのだが、その頭は丸い胴体そのものでもなく、胴体の上のてっぺんにあるのでもない。つまり、人間でいえば逆立ちしたかっこうになっているのだ。まず大きな胴体があり、その下に頭がある。

それなら足は胴体から上に向かって生えているかというと、そうではない。足は胴体の下の頭から下向きに生えている。

おまけに、もしタコを逆立ちした人間にたとえるなら、糞《ふん》や尿をする部分も胴のてっぺんにあるはずだが、それもまったくそうではない。肛門《こうもん》や排尿器官はぜんぶひとまとめになって、ひょっとこの口のようにつきだしたロウトというものとして、胴体の下のほうについている。だからタコは、人間とは上下が逆さまになっていて、しかもまったく逆さまというわけでもない、人間には想像もつかぬつくりになっているのだ。

このへんの事情をぜんぶすっとばして描かれたのが、昔からよく知られた「タコの八ちゃん」である。大きな丸い頭の中ほどに二つの大きな目があり、その下にユーモラスな口がつきだしている。頭にはしばしば手ぬぐいで鉢巻きまでしている！　そして下には八本の足があり、それで歩く。これがよく知られた「タコの八ちゃん」である。

タコの八ちゃんの絵を見ていたら、ぼくは同じようなものをどこかで見たことがあるような気がした。どこで見たんだろう？　何の絵だったんだろう？　と考えているうちに、ふとわかった。あれだ！　あの絵にちがいない！

それはルネ・マグリットの「凌辱」という絵だった。

シュールレアリズムの有名な画家ルネ・マグリットは、奇妙な表題の奇妙な絵をたくさん描いている。

たとえば「大戦争」という絵は、正装した男の顔の前に、大きな赤いリンゴがぽんと一個描かれている。「追憶」という題の絵は、窓から海の見える明るい部屋の窓ぎわの台に、まっ白い石膏《せっこう》でつくられた若く美しい女の胸像が置いてあり、その顔の右のこめかみからまっ赤な血がしたたっているというものだ。

マグリットは同じモチーフの絵をいろいろなぐあいにいくつも描いているが、「凌辱」というのもその一つだ。

それは女の顔を描いた絵なのだが、左右を長い髪で囲まれたその顔は、なんと女の胴体なのである。二つの乳房が目の位置に描かれ、乳首が眼球のようにこちらをにらんでいる。へそは鼻に見える。そして口はなんと、性器をおおう濃い陰毛のかたまりである！

この不気味な絵は、マグリットの画集で一度見たときから、ぼくの目に焼きついてしまった。「タコの八ちゃん」からついこれを思いだしたのも、きっとそのせいであろう。

ぼくらが見慣れているタコの八ちゃんでは、ほんとは胴体であるものが顔になっている。ずっと下方にある目が、顔のまん中にきて、目とは反対側、つまり目と同時にはけっして見えないはずのロウトが、ひょっとこの口としてつきだしている。マグリットも顔負けのイマジネーションだ！

ほんとのタコではどうなっているかは、もう詳しく述べたから繰り返す必要はない。とにかくタコでは、足はたしかに頭から生えている。それでタコの仲間は頭足類という。

頭足類は腹足類などと並んで、軟体動物の一群である。腹足類とは巻貝、つまり snail の仲間。その名のとおり、足が腹から生えている。snail の代表であるカタツムリを想像してほしい。巻いた殻の中には内臓があり、その下部が腹。腹の下面が足になって、葉っぱの上や木の幹を這《は》う。頭は体の前端にあって、角（触角）や目、口がある。頭には足など生えておらず、カタツムリは頭を先頭にしてのろのろと進む。

ところが、頭足類ではこの頭の先に足が生えているのだ！　同じ軟体動物の仲間である腹足類とはまたちがった体のつくりをもつ軟体動物頭足類。タコとはそういう動物なのだ。

タコのこの体のつくりではなく、生きたタコのぐにゃぐにゃした体やその動き、とくに長くて八本もある、何かつかみどころのない足の動きの不気味さから、タコにはいろいろな伝説が生まれた。

飢えたタコは、自分の足を食って生きのびるとか。もちろんそんなことはない。生殖のとき、学問上はヘクトコチルスと呼ばれる一本だけ長さや形がほかの足と異なるオスの生殖腕（足、足といわれているが、腕と呼ばれることもあるのだ）が、精子を入れた精包をメスの体内に渡すとき、生殖腕は切れてメスの体内に残る。切れた生殖腕の残りを見て、自分の足を食ったものと思ったのだろう。ちなみにヘクトコチルスという名も誤認から生じた。かつてのフランスの大動物学者キュヴィエが、メスの体内に残された生殖腕の先端をみつけ、これを寄生虫だと思って、ヘクトコチルス・オクトポディスと命名したからである。

巨大なタコが船や人間を襲う話は洋の東西を問わずたくさんある。けれど、じっさいにタコが人間を襲ったり食ったりすることはない。タコはたいていは甲殻類とか貝類を食べている。カラストンビと呼ばれるタコの固い口は、甲殻類や貝の殻を砕くためのものだ。

タコが吹く墨は、イカの墨のように粘くなく、たちまち水中に広がって煙幕をはり、自分の姿を見えなくする。

タコの目はじつによくできている。タコはこの目でしっかりと外界を見、その形状にあわせて自分の体の凹凸《おうとつ》や色彩を変えてカムフラージュする。

タコもまたそれなりに高度の生活をしている生きものなのだ。

コウモリの美人観

十八世紀のイタリアにスパランツァーニという博物学者がいた。この人は牧師のくせに、じつに変わったことに好奇心を抱き、いろいろな発見をしている。その一つはコンドームの原理である。カエルは繁殖期になると、オスがメスの背中にしがみつく。そうしないと、メスの産んだ卵はかえらない。

オスの役割は何なのだろうとスパランツァーニはいぶかった。もちろん、まだ顕微鏡も発明されておらず、精子などというものの存在も知られていない時代である。

メスの背中にしがみついているオスは、メスが卵を産みはじめると、尾端から何か液体のようなものを出す。きっとこの液体が問題なのだ、とスパランツァーニは考えた。

そこで彼はロウ引きの長いパンツのようなものを作り、オスのカエルにそれをはかせた。そしてこのオスとメスを一緒にした。

ロウ引きのパンツをはいたオスはメスの背中にしがみつき、両腕でメスの体をしめつけた。

メスは卵を産みはじめ、やがてひとかたまりの卵を産み終えた。その間オスは、ふつうのとおり、じっとメスの背中にしがみついていた。

けれどこの卵はかえらなかった。

パンツを調べてみると、中に液体がたまっていた。次のペアでスパランツァーニは同じようにして卵をとり、この卵にパンツの中の液体をかけてみた。そうしたら、卵はかえった。スパランツァーニが思ったとおり、問題はオスの出す液体だったのである。

けれど、この液体には精気が含まれているとか、生命力があるとかは、スパランツァーニは考えなかった。彼はこの液体を濾紙《ろし》で濾《こ》したり、加熱したりしてみた。そんなことをすると、この液体は卵をふ化させる効力を失ってしまうのであった。

顕微鏡さえ発明されていたら、スパランツァーニは精子の発見者になっていたであろう。惜しいことであった。しかし彼がコンドームの発明者であることは、あまり知られていないが、まぎれもない事実である。

スパランツァーニが有名なのは、コウモリで彼がおこなった実験である。なぜコウモリは暗闇《くらやみ》の中で壁や物にぶつかることもなく自由自在に飛びまわれるのだろうか？

スパランツァーニはコウモリを何匹か捕らえてきて、まず目を見えなくしてみた。閉じた目にロウソクのロウをたらして、目をふさいでしまったのである。こんな乱暴なことをされても、コウモリは何の支障もなく飛びまわった。

部屋の中には天井からたくさんのひもを吊《つる》し、それぞれの先に鈴をつけておいた。もしコウモリがこのひもにぶつかれば、鈴がチリンチリンと鳴るはずであった。しかし、目の見えないコウモリがどんなに飛びまわっても、鈴は鳴らなかったのである。

そこでスパランツァーニはコウモリの耳にロウをたらし、耳を聞こえなくしてしまった。今度は鈴がチリンチリンと鳴った。コウモリは何かの音でひもの存在を察知しているのだ。ではその音はどこからくるのか？　もしやコウモリが自分で出しているのでは？

スパランツァーニはコウモリの口をロウでふさいでみた。耳は正常のままにしておいたが、今度も鈴はさかんに鳴った。

コウモリは自分の口から声を出し、その反射を耳でキャッチして、暗闇の中でものの存在を察知している。その声はわれわれの耳には聞こえないから、それは非常に高い音か、それとも非常に低い音にちがいない。これがスパランツァーニの結論であった。

二十世紀に入って、アメリカの大生物学者ドナルド・グリフィンが、精密な機器を用いた研究で、コウモリが自ら超音波を発し、その反射によって外界の様子を捕らえていることを明らかにした。これは偉大な発見であったが、じつはスパランツァーニが二世紀も前に見つけたことの再発見でもあったのだ。

自分の発した音の反射によって自分の位置やまわりの様子を知ることをエコーロケーションまたは反響定位という。コウモリは何百万年もの昔から、超音波によるエコーロケーションをやってきたのである。

コウモリのエコーロケーションの精度は驚くほど高い。夜の暗闇の中で、小さな蚊まで「見つけて」さっと食べてしまう。人間にはとてもくぐれぬほど狭い、しかも岩ででこぼこした洞穴の中をスイスイと飛ぶ。

そのためにコウモリは、顔の美貌《びぼう》を完全に犠牲にした。鼻がやたらに大きく偏平に広がった、とても見られぬみにくい顔のキクガシラコウモリは、左右が上下二つずつに分かれた鼻の穴から、四本の超音波のビームをまっすぐに出す。頭と体の動きによってビーム放出の方向は自由自在に変えられるから、それの反射によって、コウモリはまわりの状況を的確にスキャンしキャッチできる。しかしそのために、キクガシラコウモリの顔立ちはひどいものになった。もちろんコウモリはそれを後悔などしていない。

キクガシラコウモリはいわゆるCFコウモリである。CFとは Constant Frequency、つまり周波数一定の超音波を出すコウモリである。一定の周波数を保つためには、硬い骨でできた小さな鼻孔から超音波を出す必要がある。コウモリはのどの声帯で出した超音波を、硬い骨でできた鼻孔を通して「加工」するのである。

　しかしコウモリには別のタイプのものもいる。郊外に近い街の中でも見ることのできるイエコウモリなどは、FMコウモリと呼ばれ、FM音つまり周波数の変調する超音波を出す。FMとはラジオのFMと同じく、Frequency Modulation の略である。FMコウモリは、声帯で発した超音波を口から出す。そのとき、口の開けかたを調節して、周波数を変調させるのだ。だからFMコウモリは、鼻の形に手を加えてキクガシラコウモリのようにしてしまう必要などなかった。アメリカで長らくコウモリのエコーロケーションの研究をしている菅乃《かんの》武夫《ぶお》氏のいうとおり、FMコウモリは「ハンサム」である。

　コウモリの仲間は小コウモリ類と大コウモリ類に分けられる。小コウモリ類は、われわれがふつうにコウモリといっているもの。英語では bat である。超音波でエコーロケーションをするのは小コウモリ類で、それにCFコウモリとFMコウモリがあるというわけだ。

　大コウモリ類はその名のとおり、一般に体がぐっと大きい。それは彼らが飛びながら虫を捕らえて食べたりせず、木の枝にとまって果実を食べるからでもある。動物界全体を通して、一般に植物食のもののほうが体が大きい。ただしクジラ類は別である（といっても、植物食のクジラはいない）。それは植物のほうが繊維やかすが多く、大量に食べないと必要な栄養がとれないからである。

いずれにせよ、大コウモリは超音波を使わない。ふつうの声、つまりわれわれの耳に聞こえる声を出し、目も使っている。だから、大コウモリはふつうの顔をしている。英語でもbatでなく、flying foxと呼ばれている。

マグロとピカソ

ある動物の体のごく一部を写真で見せて、「さて、この動物は何でしょうか？」とあてさせるゲームがある。カマキリの顔とかはまだわかりやすいが、ライオンのしっぽの先などを出されると、なかなかあてられない。

昔からよくあったゲームだが、今もテレビなどによく登場するところをみると、いつの時代にも共通したおもしろみがあるようだ。そしてこのゲームは、人間がある動物を、どのように抽象して認識しているかを示してくれる点で、たいへん興味深いものがある。

この反対は一筆書きだ。細部にはふれず、全体の印象をさっと一筆で描く。それでもわれわれは、たとえば「あ、ネコだ！」と思うのだから、人間はある動物をそんなふうに認識しているらしいことがわかる。そんなとき、たとえば足のうらのディテールなどを描きこまれたら、かえってネコだかトラだかわからなくなってしまう。とにかくわれわれは、このように全体のイメージで動物をとらえているために、ふだんはあまり注意したことのない部分のディテールを見せられると、それがなんだか少なくとも瞬間的には理解できなくなってしまうのだ。

ぼくの古くからの友人というか先輩で、絵のひじょうにうまい人がいる。その彼が昔、ある高校の生物の先生をしていたころ、生徒から突然、「先生、サンマにウロコはありますか？」と質問され、立ち往生したことがあると語ってくれた。イワシにはある、タイにもある、というのはわかるのだが、かんじんのサンマはどうだったか、まったく思いだせなかったというのである。

動物の体の各部分、部分は、それなりの機能をもっており、それに応じた場所にあって、その機能に適した形状をしている。たとえば魚の目だ。

マグロのように速く泳ぐ魚は、目は頭のいちばん幅の広い部分にある。

なぜそうなのか。ぼくはあまり考えたことがなかった。それを教えられたのは、なんと航空工学の人からだった。それは戦後、国産の旅客機第1号であったYS―11を設計した、当時、日本大学におられた木村秀政《ひでまさ》先生である。もう三十年ほど前、NHKラジオでの対談の中で、話は飛んでいる飛行機がまわりの空気の気圧を計りたいときどうするかということに及んだ。

機首から気圧計を突きだすと、飛行機は風を切って飛んでいるのだから、そのものすごい風圧を計ってしまうので、じっさいの気圧を知ることはできない。

逆にたとえば翼の後端から後ろ向きに気圧計を出せば、飛行機はプロペラないしジェット・エンジンから後ろ向きに噴出される気流の反動で前へ進んでいるのだから、気圧計はその陰圧を計ってしまう。

「じっさいには、飛行機の頭部のいちばん幅の広い部分から計器を出して計ります。こうすれば、陽圧でも陰圧でもなく、外のじっさいの気圧を計ることができます」。こういいながら木村先生は紙に絵を描いてくださった。それはちょうど魚の胴体のような機体の、頭部のまん中へんのあたりだった。先生はそこに丸い印をつけた。それはまさに、魚の目と同じように見えた。

「魚の目みたいですね」とぼくが思わずいうと、「そうなんです。魚も同じことなんです」と先生はおっしゃった。

魚の目がもっと口先近くにあると、速く泳ぐ魚だったら目は水圧で体の中に押し込まれてしまう。もっと後ろにあったら、泳ぐのに伴う陰圧で目はたえず吸い出されてしまう。筋肉の力でそれをたえず補正するには大変なエネルギーがいる。だから魚の目はあの場所にあるのだ。

あまり速く泳ぎまわらない底魚の場合には、こんな制約はない。だからアンコウとかハゼとかヒラメなどでは、目はとんでもないところにある。

ところでマグロの目は頭の左右に一つずつある。人間のように顔面に二つ並んでついているわけではない。

だから魚には両眼視はできない。人間のように両目で対象物をしっかり見て、その距離を計り、ディテールを知ることは不可能である。

と、かつては思われていた。しかし、もしそうだったら魚は困るはずだ。とくにマグロのように、すばしこく泳ぎまわる小魚を追いかけて、口でパクッと捕まえて食う魚の場合はそうだ。相手の魚が何であるか、餌《えさ》として適当な魚か、そしてその魚までの距離、どっちへ向いて逃げそうか、どちら側から食いつくか。一瞬のうちにそれらを認知しなければならないはずだ。

そんなとき、左側か右側の目一つで見たのではどうしようもない。両眼視ができなかったら魚は困るだろう。

学者たちが研究してみると、魚はちゃんと両眼視していることがわかった。

つまり、そういう魚の目は多少ともでっぱっている。マグロも顔をまん前から見ると、相当な出目である。そして必要とあれば、目を動かす筋肉が眼球をぐっと前のほうへひっぱる。

すると、ふだんは真横を向いていた眼球が前を向くようにねじれ、両方の目がそろって前方を向く。

先に述べたとおり、目は顔のいちばん幅の広いところについている。目より前の顔は、細くとがっているのだから、出目になった目が両方ともそろって前を向けば、二つの目で両眼視ができるわけだ。

獲物の小魚を追いかけているときのマグロは、目がこのようになっている。つまりそのような状況では、マグロは両眼視によって、人間とほとんど同じように、獲物をしっかり見つめているのである。だからマグロは、あんなにみごとに獲物を捕まえることができるのだ。

マグロにかぎらず、水の中を高速で泳ぎまわる肉食魚では、みなこのようになっているらしい。だから彼らの目は、申し合わせたように顔のほぼ同じ場所についており、そして顔をまん前から見ると、かなりの出目で、奇妙な顔つきになっているのだ。

けれど、こういう魚も、獲物を追いかけるのでなく、水中をどこかへ向かって泳いでいくときは、目は横を向いている。そして左あるいは右側の様子を遠くまで見張っている。このような状態では、それぞれの目はものの形というよりは動きに敏感で、自分を襲ってくるかもしれない敵の動きをかなりの距離でもいち早くキャッチするという。

ところで、本来左右に分かれてついている魚たちの目は、左右の目をべつべつに動かすことができる。水族館の大水槽を泳ぐ魚たちを見ていると、ときどき片目だけをぎょろっと動かすのがいて、思わず吹き出してしまいそうになる。

しかしこれもまた、魚たちにとっては必要なことなのだ。そうやって彼らは、泳ぎながらあっちこっちを見て、確かめたり、あるいはもしかすると楽しんだりしているのだ。


ピカソがなんであいう絵を描こうと思ったのか、ぼくは知らない。しかし今このマグロの絵を見ていると、なんだか少しわかったような気がする。

海を泳ぐ美しいマグロの姿はマグロの一つの姿なのであって、美しい女の体と同じことなのかもしれない。しかしその美しい姿が存在しえているのは、その目のおかげであり、側方をみたり、前方で両眼視したりすることのできる目の配置のおかげなのだ。

動物学の迷路文

フランスにはハリネズミがたくさんいる。ハリネズミはユーラシア大陸に広く住んでいて、東は朝鮮半島まで分布している。だが、日本海は渡れなかったらしく、日本にハリネズミはいない。この愛敬《あいきょう》のある小動物が日本にいないのが、ぼくにはとても残念でたまらない。

フランスでもどこでも、ハリネズミは子どもたちの大好きな動物である。ハリネズミを主人公にした絵本もたくさんある。

パリの郊外にもハリネズミはたくさんいた。ただし、彼らは主として夜行性なので、昼間そこらを動きまわっているわけではない。昼間見られるのはキャラバンだけらしい。

キャラバンというのは、子どもを連れたハリネズミの一家のことである。一家といっても父親はいない。母親のお尻《しり》に一匹の子どもが食いつき、その子のお尻に二匹目の子が食いつき、というようにして、十匹ほどの子どもたちが、母親のうしろに、まるで列車のようにつながって草の間を歩いていくのである。だれかがそれを、砂漠をゆくキャラバン（隊商）に見立てたのだろう。

ハリネズミ一家は、なぜこんなことをして移動するのかわからない。大げさな隊列をつくっていたら、すぐ敵の目についてしまうだろうに。おまけに歩きにくそうだ。

じつは、ハリネズミはネズミという名がついているが、ネズミではない。正確にいえばモグラの仲間である。ネズミすなわちげっ歯類の仲間ではなく、モグラと同じ食虫類の仲間なのである。それでは正しくはハリモグラだ、ということになるが、ハリモグラというのはオーストラリアにいるまったく別の動物で、しかもまたやっかいなことに、ハリモグラはモグラではない。それについては、もう少しあとで述べることにする。

げっ歯類は漢字では「齧歯類」つまり齧《かじ》る歯と書く。ネズミをはじめとして、げっ歯類はその名のとおり、鋭い丈夫な歯でものをがりがり齧る。これに対して食虫類は、歯があまり発達しておらず、食べやすいミミズや虫を食べている。体の作りもげっ歯類とはかなりちがっており、臭いにおいを出す。ぼくの家にいるネコたちは、裏の山にいってよくハツカネズミを捕まえてくるが、食虫類の仲間であるヒミズモグラやジネズミを捕まえて持ち帰ってくることも多い。ネコはハツカネズミをうまそうに食べてしまうが、ヒミズモグラやジネズミとは遊んで殺すだけで、けっして食べようとはしない。きっとにおいが嫌いなのだろう。ネコはげっ歯類と食虫類をはっきり区別しているのに、人間は両者を混同して、十把ひとからげにネズミと呼んでいる。

ハリネズミがキャラバンをするのは、ハリネズミが食虫類だからである。食虫類は目がほとんど見えない。そこで子どもを連れて一家で移動するときは、子どもは親や兄弟にしっかり食いついていないと、置いてきぼりにされてしまうのだ。

あまり目の利かない動物や、夜行性の動物は、そのかわりとして鼻が利くものだ。つまり嗅覚《きゅうかく》が発達しているのがふつうである。

ハリネズミの嗅覚はたしかに鋭いけれど、それは彼らがぼくら人間にはまったくわからないミミズのにおいをたちまちにしてキャッチするというだけで、そのミミズがどこにいるかはほとんどまったくわからないのである。

パリ郊外に住んでいたとき、ぼくは近くで捕まえてきたハリネズミを一匹、庭先の檻《おり》で飼っていた。畑を掘ってミミズを十四ほど手に入れ、それを深い皿に入れて、檻の一隅に置く。檻のすみの巣のようなところにもぐりこんでいたハリネズミは、ミミズのにおいにすぐ気づいて、長い鼻を上下左右にさかんに動かしながら姿を現し、檻の中をあちらこちらへと走りまわる。しかし、ミミズのありかはわからない。ときどきミミズの入った皿のすぐそばも通るのだが、まったく気がつかない。これにはぼくもあきれてしまった。

そのうちに、皿の中でごにょごにょ動いていたミミズたちの一匹が、皿の外へぽとんと落ちた。檻の中の地面には一面に枯葉が敷いてある。皿から外に落っこちたミミズの動きで、乾いた枯葉がかすかにカサッと音を立てた。そのとたんに、そのときは檻の反対側のすみにいたハリネズミは、電光石火のようにミミズのところにとんできた。そしてあっという間にミミズをくわえ、食べはじめたのである！

つまりハリネズミは、音で獲物を見つけるのだ。ミミズや虫が枯葉や落ちた小枝にふれてたてるかすかな音を耳でキャッチして、そこへとんでいくのである。ハリネズミがミミズを一匹食べ終えたとき、ぼくは長い棒をもってきて、ミミズの皿とは反対側のすみの枯葉をカサカサとつついてみた。とたんにハリネズミはそっちへとんでいった。今度は右のすみをつついてみる。とたんにハリネズミはそこへとんできた。ハリネズミとはこんな動物なのか。ぼくは深い感慨に似たものを味わった。

ではハリモグラは？　ぼくは実物のハリモグラを見たことも触ったこともない。知っていることは、本やテレビで教わったものばかりである。

ハリモグラはげっ歯類でも食虫類でもなく、単孔類に属している。有名なカモノハシと同じ仲間である。単孔類という名前は、彼らが排泄《はいせつ》のための穴を一つしかもっていないことによる。つまり、人間も含めたふつうの哺乳類《ほにゅう》のメスでは、肛門《こうもん》と尿道口と膣口《ちっこう》が別々の穴として外に開いているが、単孔類ではそれらがすべて総排出腔という腔所に連なり、外に開いた穴は総排出腔の出口、すなわち総排出口一つしかないからである。これは鳥の場合と同じである。そしてよく知られるとおり、単孔類は鳥のように卵を産んで、生まれた子どもを乳で育てる。

ハリネズミはネズミではない、ハリモグラはモグラではない。ネズミ、モグラという語が、ほかの語とのくっつきかたによって意味がかわってしまうのだ。これはまさに「迷路文」ではないか。

迷路文のことはよくご存じだろうが、ひとつだけ例をあげておこう。

Time flies like an arrow.
Fruit flies like a banana.

最初の行はだれにでもすぐわかる。時は矢のように飛ぶ。つまり光陰矢のごとしだ。次の行には迷わされる。一行目にならってそのまま読むと、「果物はバナナのように飛ぶ」。どういうことだ？

一行目にならって読んだのがいけないのである。Fruit flies は果物につく小さなハエのことだ。遺伝学でよく使うショウジョウバエも Fruit flies の仲間である。ショウジョウバエはバナナが好きなのだ。

動物と人間

乳房の大きな人間のメスは、大きなセックスアピールを持っている。これはほかの動物では見られない、人間固有のものである。

発情したサルのメスは、赤く腫《は》れた尻《しり》でオスを誘惑する。ところが直立二足歩行をする人間のメスは尻が隠れるため、乳房でオスを誘惑する。有名な動物学者であるデズモンド・モリスによる説である。人間とサル。それぞれ事情があるのだ。でも人間のオスもメスの尻に欲情してしまう。後ろ姿のメスの細くてくびれたウエストと大きな腰には、やはり大きな魅力があるようだ。

当たり前のことではあるが、歴史にはそれなりの力がある。

キリンの由来

キリンの姿は想像を絶するものである。

立っているときの頭のてっぺんまでの高さが六メートル。そのうち、首が三メートル。胴体と肢《あし》で三メートル。昔の恐竜はいざ知らず、現在生きている動物の中で、こんなに背の高いものはいない。

この姿・形だけでも驚きなので、キリン（麒麟）という伝説上の動物の名で呼ばれるようになったわけも、よく理解できる。

けれど、こんな動物がどうしてちゃんと生きていられるのか？　よく考えてみると、ふしぎなことばかりである。

首の長さが三メートルということは、心臓から脳までの距離が三メートルあるということだ。われわれ人間では、それはせいぜい四十センチから五十センチ、それでも心臓からの血が十分届かなくて脳貧血をおこす。三メートルも上に血液を送り出すのは大変だろう。

肢の先になるとまた逆の悩みがあるはずだ。心臓から三メートルも下にあったら、キリンの肢先はたえずうっ血したりむくんだりする恐れがあるのではないか？

けれどキリンたちは、そんな悩みなどまったくなさそうに、アフリカのサヴァンナでゆうゆうと生きている。

日本には国際生物学賞という世界的な国際学術賞がある。賞金は一千万円で、ノーベル賞などにくらべたらけっして多くはないが、かつて、生物学者として世界に知られた昭和天皇の在位六十周年を記念して一九八五年に設けられた、国際的にも権威のある学術賞である。天皇在位六十年ということに反発を感じた学生も多かったが、ノーベル賞（ノーベル生理学・医学賞）の対象とならない分野の生物学の研究に贈られる賞として、すでに十五年の歴史があり、受賞者も多士済々《たしせいせい》である。

その一九九二年度受賞者に、アメリカの動物比較生理学者クヌート・シュミット＝ニールセンという人がいる。たいへんおもしろい視点をもった学者で、たとえばラクダはなぜ長い間水を飲まずに生きていられるか、そしてひとたびオアシスで水にありついたら、猛烈に飲みだめができるのはなぜか、というような疑問に、動物生理学的な研究によって答えようとしてきた。

人間は何十日も水を飲めなかったら、血液が濃縮してうまく流れなくなり、死んでしまう。けれど、シュミット＝ニールセンの研究によると、ラクダは、血液のではなく体の組織の水を使って生きのびていく。ラクダにはそのような生理学的しくみがそなわっているのである。そこでラクダは血液濃縮などおこさずに、飲み水の欠乏に耐えていかれる。そのうちにラクダはげそげそにやせてしまうが、いったん水にありついたら、大量の水を飲み、それを胃袋に貯めるのでなく、水分を失った組織へ貯えていくので、ラクダはみるみるうちにもとの太った体に戻っていく。これにもちゃんとそれなりのしくみがあり、そのしくみをもっていないわれわれ人間には、こんな真似はできない。

残念ながら、背が高すぎ、肢が長すぎるキリンの悩みを解決しているのは、どうやらこういう明快なしくみによるものではないらしい。シュミット＝ニールセンの研究も、今一つはっきりした結論には至っていないようである。心臓が大きくて強いとか、肢の先の血管系がうっ血をおこさぬように血液の循環がスムーズにおこなわれているとかいう、あたりまえのようなことの集積が、脳の貧血や肢のうっ血を防いでいるらしい。その点ではキリンはあまり神秘的な動物ではない。

しかし、あのすらりとした美しいキリンの姿が人間のさまざまな思いをかきたてたことはたしかである。

進化論で有名なフランスのラマルクは、ダーウィンより早く「進化」という概念を抱いていたが、その進化のおこる理由をキリンの首を例にとって説明したので、キリンは進化論とは切っても切れないものとなった。

今さらくわしく説明するまでもないが、キリンは高い梢《こずえ》の先の木の葉を食べようとして、たえず首を高く伸ばしていたので、だんだん首が長くなっていき、それが子どもにも遺伝して、首があのように長く進化したのであるという。

ラマルクのこの論法は、どことなく一般の人々を納得させるところがあるので、いまだに人々の心にとりついている。

これに対して、キリンには首の少し長いものも少し短いものもおり、長いもののほうがよりよく食物にありつき、より多く子孫を残していっただろうから、しだいに首の長いキリンが増えていったのだとするダーウィンの説は、今一つ分かりにくいものであった。

現在ではラマルクの説はいろいろな生物学的理由から完全に否定され、ダーウィンの説のほうが妥当なものと考えられている。それは、ある変化が、ある目的や意図によっておこるのか、それとも単に偶然の結果としておこるのかという、人間の相反する考えかたの闘いであった。

それが意図であったか偶然であったか知らないが、とにかくキリンは実在している。そればかりか、キリンよりずっと背の低い、しかし体形はキリンとよく似たオカピという動物も実在している。

オカピは今ではもうほとんど絶滅に瀕《ひん》しているが、本来は「森のキリン」ともいうべき動物であった。キリンが東アフリカの開けたサヴァンナに生きているのに対して、オカピは西アフリカの森の中に住んでいる。

森の中にいるから背が低いのかもしれないが、長い肢、長い首という姿は、キリンにそっくりである。オカピもまた、森の中で少しでも高い木の葉を食べようと意図したのであろうか？　あるいはたまたま偶然に、キリンという体形の動物ができてしまい、その一つが森の中へ入っていってオカピになったのであろうか？

キリンの体は全体として淡い黄褐色で、そこにあのキリン独特の白い網目模様が入っている。この網目模様の意味については、昔からいろいろな説が唱えられた。物理学者の寺田寅《とら》彦《ひこ》は、あれは乾いた地面にできる割れ目と同じ模様であるということを指摘して、あの網目にはなんの意味もない、それはある種の物理学的現象にすぎないと、いかにも物理学者らしい解釈を述べた。しかし、じっさいにアフリカのサヴァンナでは、あの網目模様は魔術のような効果を発揮して、キリンの姿をアカシアの茂みの中にみごとに消してしまうのである。

森のキリンであるオカピには網目模様などはなく、全身が濃いチョコレート色と白とで大きく上下に塗り分けられている。そしてこの大胆なデザインは、オカピの姿を暗い森の中にみごとに消してしまうのである。

われわれ人間のさまざまな想像力をかきたててきたキリンの優美でふしぎな姿も、結局は偶然の産物であり、それがその住んでいる場所において、うまく生きていけるか、そして子孫を残していけるかという自然淘汰《とうた》の中で生き残ってきたということにすぎない。けれどだからといって、キリンに対してわれわれが感じるふしぎさが、いささかも減じることはないのがふしぎである。

セイウチの快

一九九二年の七月、北極へ行った。北極科学推進特別委員会なるものの委員であったのに北極地方を一度も見たことのないぼくに、とにかくちょっとでもいいから見て勉強してこいという国立極地研究所北極センターの計らいで、北緯七十九度から八十度にわたるノルウェー領スヴァルバール群島のスピッツベルゲン島へ出かけることになったのである。

国立北見工業大学の高橋修平先生を隊長とする氷河ボーリング調査隊の人々とともに、モスクワ経由でノルウェーのオスロに飛び、それから国内線で北極海に面した町トロムセに着く。

真夏というのに冷え冷えしたトロムセの町には、それでも燃える太陽の笑い顔をあしらったサマー・セールの広告がそこらじゅうにあった。

小さなホテルで一夜を過ごし、翌日SAS（スカンジナヴィア航空）の定期便でスピッツベルゲンのロングイヤービーエンへ向かう。飛行機は北極海の上をまっすぐ北へ飛ぶ。二時間ほどすると眼下に島が見えた。英語ではベアー・アイランドという絶海の孤島である。さぞかしシロクマがいるのだろう。

それからまた一時間ほど、雲の切れ目に鋭くとがった山の連なるスピッツベルゲンが見えてきた。その感激。夢中でカメラのシャッターを切りつづける。

いよいよロングイヤービーエンに着く。ここで小型機をチャーターし、さらに北のニーオルスンに向かう。かつては小さな炭鉱町だったが、三十年ほど前の炭鉱爆発で操業をやめ、今はリサーチ・タウンに転換されて、昔の住宅が各国の研究所になっている。世界最北の郵便局や鉄道跡がある。

ここで五日ばかり、氷河を歩いたり、極地の花の授粉昆虫を調べたり、ユスリカの蚊柱を観察したりしたのち、氷河ボーリング調査隊に見送られて、北極観光船に乗りこんだ。

観光船の案内係は、今すぐでもバイキングになれそうなスウェーデン人の男。この仕事についたのは、私がスヴァルバールと恋に落ちたからだ、といっていた。

船は入り江を出て、島沿いに北極海を北上してゆく。予想に反して鏡のように静かな北極海。海ごしに見る鋭い山々とそれをおおう氷河のすばらしさ！　大小さまざまな北極の海鳥が、奇異な声で泣きながら飛ぶ。

途中二、三か所で船は停まり、ゴムボートを下ろして海岸に上がり、氷河や昔の捕鯨基地の跡などを見る。そしてついに船は北緯八十度線をこえ、モッフェン島に向かった。モッフェン島はごく小さな島だが、たくさんのセイウチの休息場として知られている。もちろんほかの動物もいる。それらの動物たちを脅かさないよう、いかなる船も島から三百メートル以内に近づいてはならぬと定められている。

船が停まった。乗客はみな、双眼鏡や望遠レンズつきカメラを手に、島を見つめる。島の少し小高い場所に見える褐色のかたまり。それがセイウチの群れであった。

望遠レンズごしにのぞくと、なんと数百頭のセイウチが、折り重なって眠っている。あの長い牙《きば》もおぼろげにそれとわかる。ああ、ほんとにコンタクト・アニマルだ、とぼくは思った。

かつてE・T・ホールの『かくれた次元』（みすず書房）を訳したとき、典型的なコンタクト・アニマルの例としてセイウチの話がでていたことをぼくは忘れてはいなかった。そのセイウチが今、目の前にいる！

彼らのコンタクトぶりは驚くほどだ。体重百キロはあろうという巨体が、触れあうどころか重なりあって眠っている。となりのやつの重さで寝苦しいなどということはないのだろうか？　体がしびれたりしないのだろうか？　そんなぼくの心配をよそに、セイウチたちは、みんなぐっすり眠りこんでいるようであった。

気がつくと、島の手前の海では、子どものセイウチが何頭か、互いに離れて遊んでいる。海に潜ったり、顔を出したり。彼らは何とたわむれているのだろう？　岸に上がっていこうとする気配も見えなかった。

でもこの子どもたちも、島に上がればコンタクト・アニマルになるはずだ。セイウチはそうやって互いに体を触りあっていないと、どうにも安心できない動物なのである。

あんなに体をくっつけあっているメリットは何なのだろう？　それがぼくにはいまだにわからない。

かつてドクガ（毒蛾）の幼虫を観察したことがある。毒毛の生えた幼虫たちは、互いに体を寄せあって一つのかたまりになって休んでいた。

実験的に一匹だけを取り出してプラスチックの容器に入れると、毛虫はせっせと歩きだす。いつになっても止まらない。そして空腹になって倒れるまで、ひたすら歩きつづけるのである。

容器の中へもう一匹入れてやると、事態はやがて一変する。てんでに歩きまわっていた二匹の毛虫が、そのうち偶然に出会う。一匹の毛がもう一匹の毛に触れると、二匹はすっと近寄り、毛と毛を触れあって静止する。さまよえるオランダ人も、やっと休息の機を得たわけだ。

このようになったところで、餌《えさ》になる葉を与えると、二匹はにおいでそれに気づき、移動してきて葉の上に並ぶ。そして体を触れあったまま、葉を食べはじめる。一匹だけで歩きまわっているときは、葉っぱなど見向きもしなかったのに。互いに体を触れあっていることは、やはりコンタクト・アニマルであるこの幼虫にとってそれほど重要なことなのだ。そして親のガになったら、彼らは極端にコンタクトを嫌う。

幼虫がみんなで体を触れあいながらかたまりになっていると、そこに大きな目立つ模様ができる。この模様の異様さが、敵を警戒させるのだ。だから、ドクガの幼虫のように小さな生きものにとっては、コンタクトしあうことは敵を遠ざけるメリットがあるのだと考えられる。

けれどセイウチの場合はどうだろう？　こんなに大きい動物を襲うのは、ホッキョクグマ（シロクマ）ぐらいしかあるまい。ホッキョクグマがアザラシを襲うときは、たくさんいるアザラシの群れを驚かせて追い散らし、仲間と離れた一頭をねらう。セイウチのときも同じようにするのだろうか？　でももしそうなら、重なりあっていても、結局は同じことにならないのだろうか？

いずれにせよ、セイウチはプロクセミックスのうえではたいへん興味深い動物である。プロクセミックスとは「遠近学」とでも訳せばよいのだろうか？　要するに動物における距離の問題を研究する学問である。

人間はプロクセミックス上、けっしてコンタクト・アニマルではない。個体（個人）は他個体とつねに一定の距離をおこうとする。何かを買うために行列をつくっているようなときでなければ、その距離はほぼ一メートルである。通勤時間の満員電車はいやおうなしに人間をコンタクトさせる。だからノン・コンタクト・アニマルである人間にとってはストレスフルなのである。

休息中のセイウチにとっては、それはもっとも快い状況だ。なぜあんな状況が快いのか、コンタクト・アニマルでないわれわれ人間にとっては、どうしても素直には理解できない。

二つの擬態

「インディアン、ウソつかない」。アメリカの西部劇映画の全盛時代によく使われたことばだ。

インディアンはウソをつかなかったかもしれないけれど、自然はしばしばウソをつく。昔は、「自然は正直でウソはつかない」と思われていたが、これはウソである。自然はじつにさまざまなウソをつくウソつきの名手だ。擬態もウソの一つである。

擬態ということばは、日常よく使われる。擬態という現象自体が人々の関心をそそるので、何かと話題になるのも無理はない。ちょっと街の中を歩いても、そこここにガードマンの姿をみかける。近ごろでは、ほとんどすべてのガードマンが警官に擬態しているではないか！

ところで、われわれは一口に「擬態」「擬態」といっているが、そこには、まったくジャンルのちがう二つのものが含まれているのだ。

たとえば熱帯の虫として古くから有名なコノハムシ。見れば見るほど緑の木の葉にそっくりだ。ぼくもかつてボルネオで生きたコノハムシを何度も見たことがある。最初はまったく気がつかない。木の葉の茂みの上にじっと止まっていて、動きもしないので、まさかそこにコノハムシがいるとは夢にも思わない。

いっしょにいるだれかが、何かのはずみにあれ？　と思う。たぶんちょっとちがった角度から見たときに、本ものの葉っぱの上にもう一枚葉っぱがあるのに気がつくか、肢《あし》のようなものが見えたのか、おかしいな？　と思ったのだろう。近づいてみると、やっぱりコノハムシだ。「コノハムシがいた！」と彼は叫ぶ。「え、どこに？」といって、ぼくは彼の指さす場所を見る。恥ずかしいことに、それでもぼくにはコノハムシが見えない。自然のウソに完全に騙《だま》されているのだ。

もっと身近なのはシャクトリムシだ。指先で長さを測るように尺をとって歩いていれば、だれにでもすぐそれとわかる。けれど、枝からピンと立って、じっとしていようものなら、小さな枯れ枝が出ているぐらいにしか思わない。枝だと思って土瓶をかけたら、落ちて土瓶が割れてしまったという「ドビン割り」の故事も、あながちウソとは思えないくらい、シャクトリムシのウソは完璧《かんぺき》である。

今は滋賀県立大学の先生をしている細馬宏通《ひろみち》氏は、京大の卒業研究で「シャクトリムシはどんな気持ちで枝真似をしているのか」を知ろうとした。ずいぶんいろいろなことを調べてみたが、結局これといった結論には到達できなかったようである。コノハムシもシャクトリムシも、自分ではウソをついているつもりはないのである。

けれどわれわれから見ると、これはまさにウソである。コノハムシやシャクトリムシを食べて生きている鳥から見ても、これはやっぱりウソであり、鳥たちはこのウソに騙されて、せっかくの獲物を見逃してしまうのだ。それはコノハムシやシャクトリムシにとってはもっけの幸いであり、利益となる。

つまりこれは、敵が関心をもたないものを真似ることによって敵の目を逃れ、生きのびようとするウソである。


もう一つのジャンルのウソは、あるハエとかガとかがハチによく似た姿をしているという場合である。そんなハエやガが飛んできたら、人はハチだと思って逃げる。これもまた彼らのウソに騙されているのだ。

けれどこの場合には、コノハムシやシャクトリムシの場合とはぜんぜんちがうところがある。たいていの人はハチに刺されて痛い目にあったことがあるから、ハチに対してはつねに関心をもっている。ハチのような姿を目にしたら、とたんにほとんど「本能的」といえるくらいのすばしこさでその虫を避ける。まちがってもそれを捕らえてみようとはしない。

ところがこれはじつはウソなのだ。ハエにもガにも毒の針などまったくない。捕らえたって刺されるおそれはない。けれど一度ハチに刺された人は、ハチに似たウソつきのハエやガのウソにまんまと騙されて、その虫を避けたり見逃してやったりする。ハエやガを食べて生きている鳥たちも、同じように騙される。つまりここでは、敵が関心をもっているものに似ることによって、敵を避け、生きのびようとしているのだ。

この二つは結果こそ同じだが、そのプロセスも論理も正反対である。人々は二つをひっくるめて「擬態」「擬態」といっているが、やはりこの二つは分けて考えたほうがよい。

イギリスの生物学者コットは、『動物の適応的色彩』というイラストのたくさん入った大著を書いて、このへんの問題の交通整理をしてくれた。

コットによれば、動物の体の色（や形）には二つの相反する機能がある。一つはその動物の存在を隠すこと（concealment)、もう一つはできるだけ明らかに広告すること（advertisement)。

いわゆる「擬態」にもこの二つのジャンルのものがある。緑の木の葉や枯れ枝に似たコノハムシやシャクトリムシの色・形は concealment であり、敵が関心を持たない葉っぱや枯れ枝というものの中に、自分を埋没させてしまうものだ。こういうのを隠蔽《いんぺい》擬態という。英語では mimesis である。mimesis とはたとえば他人の真似をするパントマイム pantomime

という語などのもとになったギリシア語で、ぼくは擬態と区別するために模倣と呼ぶことを提案した。残念ながらぼくのこの提案はあまり賛同を得ていない。

もう一つのジャンルは、恐ろしいハチに似たハエやガの色・形で、これは advertisement である。これ見よがしに「ハチだぞ！　ハチだぞ！」と広告して、敵を欺いているわけだ。これは敵が関心をもっているものに似ることによって利益を得ようとする「広告擬態」であり、はじめにあげたガードマンの例もこれである。英語で mimicry といえば本来はこれを指すものであった。日本語で「擬態」といえば、正しくはこの広告擬態だけを指すべきなのである。

もしその方式にしたがうなら、英語の mimicry は擬態、mimesis は模倣と呼び分けるべきだということになるが、ふつうはそう厳密に区別されるに至っていない。英和辞典などでもそうである。

しかし、自然界にはさまざまなものがある。緑色のカマキリは隠蔽擬態（あるいは模倣）の好例だが、これは自分が鳥の目を避けるだけでなく、目指す獲物の虫に気づかれずに近づくという点でも、カマキリに利益をもたらしている。同じカマキリでもハナカマキリと呼ばれる仲間は、その恐ろしい鎌足の根本が大きく広がり、花と見まがう美しい色と形になっている。このウソに騙されて、花と思って飛んできたチョウやハエは、一瞬にして鎌に捕らえられてしまう。

毒も何もないアゲハチョウには、有毒のマダラチョウにそっくり似た種類がたくさんある。自分の広告色（これはウソではない）の効果を信じている有毒のマダラチョウは、悠然と飛ぶ。これに擬態した（これはウソである）無毒のアゲハチョウも、同じように悠然と飛ぶ。しかしいっぺん捕虫網に捕まえられそうになると、とたんにアゲハチョウ本来の急速な飛びかたで逃げ去る。そうすると、それ以前の悠然たる飛びかたは、ウソの演技だったことになる。何ともふしぎなことではないだろうか？

「見る」「見える」

鳥の目はほんとにまん丸い。

もうずいぶん前、映画監督の羽田澄子さんに「鳥の目ほどまん丸いものはないと思います」といわれてからずっと、ぼくは鳥の目ってなぜそんなに丸いのだろうかとふしぎだった。

しかし、ヘビの目だってまん丸いのだ。

そうか、鳥は爬虫類《はちゅう》の子孫だ。だからヘビと同じようにまん丸い目をしているのだ。

けれど、この推論はあまり説得力がない。われわれをはじめ、イヌ、ネコ、ウマなどという哺乳類《ほにゅう》だって、同じように爬虫類の子孫であるからだ。ちがうとすれば、鳥は爬虫類の特徴をほとんどそのまま残しており、爬虫類に含めてもよい、といわれていることである。

いや、鳥は恐竜の生き残りだ、という説さえある。鳥は恐竜そのものだというのである。恐竜類という仲間は、鳥類だけを残して絶滅した。だから、恐竜は今でもいる、なぜなら鳥は恐竜なのだから、という説である。

哺乳類も爬虫類を祖先とするのだが、祖先である爬虫類とはかなりちがう方向に進化した。体にウロコもなく、ウロコとよく似たところのある羽毛でもなく、柔らかい毛というものを生やしたり、卵でなく赤んぼうを産むようになったり、さまざまな大改造をおこなった。

それとどう関係があるのかはわからないが、目も「切れ長」になった。瞳孔《どうこう》の形もいろいろになった。ネコの目のように、瞳孔が垂直についていて、光が強いと糸のように細くなり、暗くなるとまん丸になるものもある。それがいかにもネコらしくてかわいいという人もあれば、気持ちがわるいという人もいる。

光の量によって瞳孔が大きく開いたり小さくなったりするのは、脊椎《せきつい》動物の目の特徴で、こうやって目に入る光の量を調整する。ネコの目を見ていると、瞳孔の開閉がいかに微妙に、しかもすばやく制御されるかがわかるだろう。

昆虫の目は作りがまるでちがうので、瞳孔などというものはない。光量調節は目の中の色素を移動させておこなっている。

ヤギの瞳孔の形は変わっている。細い長方形をしているのだ。この目を見ているとわれわれはヤギが何を考えているのかわからなくなる。ヤギにしても外の世界はどう見えているのだろう？　まさかパノラマ写真のように横に長〜く見えているわけではあるまい。いずれにせよ、ヤギやその仲間の動物の瞳孔がなぜこんな形をしているのかはよくわからない。

瞳孔のまわりはいわゆる「くろめ」である。

くろめは学問的には虹彩《こうさい》と呼ばれる。虹彩のまん中の切れ目が瞳孔である。だから、瞳孔はそれ自体が大きくなったり小さくなったりするのではなくて、虹彩が動いて、切れ目つまり瞳孔を大きく開けたり小さく閉じたりするのである。

虹彩の色も動物によって異なる。人間だって日本人なら黒く（だから「くろめ」という名がついた）、西洋人なら青い。虹彩に模様がある動物もある。いずれにせよ、虹彩はヨーロッパ語ではギリシア神話の虹の女神イリスと同じ iris という美しいことばで呼ばれている。目はコミュニケーションに際して重要な役割をもっている。「目は口ほどにものをいい」といってもまだ足りない。

コンラート・ローレンツが『ソロモンの指環《ゆびわ》』で、コクマルガラスの求愛のことを述べている。オスはひたすらメスをみつめながらディスプレイをつづける。「オスがたえず目を輝かせ、じっと娘をみつめているのに、彼女のほうは一見そしらぬ顔で大空のあちこちへ目をうつす。求愛しているオスには一目もくれない。だがじつは、彼女は何分の一秒かの間、チラリと彼を見るのである。彼の魅力はすべて彼女のためにあることを知るためには、そして彼女がそれを知っていることを彼が知るためには、それで十分なのだ」

今日の動物行動学の認識からすると、ローレンツは少しロマンチックに描きすぎているのかもしれない。何分の一秒かチラリと彼をみるときに、彼女はオスの「品定め」をしているにちがいないからである。

口ほどに、あるいは口よりもものをいう目とは、ひとみのことである。ひとみとはつまり虹彩であるが、虹彩自体がものをいうわけではない。目全体と虹彩の関係が問題なのである。

ネコの目が何となく気になるのは、ネコがいわゆる「視覚動物」だからである。においで世界を「見ている」イヌとちがって、ネコは目で世界を見ている。コミュニケーションにも目が大切である。ネコが目を大きく開いてじっとこちらを見ているとき、それは関心と警戒心を示している。まぶたを半分閉じて虹彩のごく一部しか見えない状態は、ネコがこちらを信用しているときである。

同じことはネコも感じている。あ、このネコかわいい！　というので、こちらが目を大きく開けたままじっとネコを見つめて近づいたら、知らないネコだったらすぐ警戒する。サル山にいくと、「サルの目を見つめてはいけません」という注意書きがあるが、あれと同じことだ。ネコもサルも顔が平たく、両眼で前を見ることができるので、人間が見つめることには敏感である。鳥は前にも書いたとおり、相手をみつめるときは「片目で」にらむ。

そこでネコと仲良くなろうと思ったら、まずじっとネコの目をみつめて、それからすぐにできるだけゆっくりと目をつぶる。こちらが目をつぶっている間は、ネコはそれほど警戒しない。目をつぶったまま攻撃することはできないからである。

それからゆっくりと目を開く。そのときネコも目を開けていたら、すぐまたゆっくり目をつぶる。そしてまた開く。これを辛抱づよく繰り返していると、こちらが目を開けてネコの目を見たとき、ネコもゆっくり目をつぶるようになる。こうなったら、ネコとの間にコミュニケーションが成立したと思ってよい。

ヤギとはこういうことができない。ぼくにはヤギが目でコミュニケーションをしているとはどうも思えないのである。そしてヘビとはまったくだめだ。そもそもヘビの目にはまぶたがない。目を開けたり閉じたりできないのだ。獲物は目でみつめるのではなく、においや体温を手がかりにして狙《ねら》いをつけている。しかしトカゲはそうではない。顔やあごをこすってやると、まるでネコみたいに気持ちよさそうに目を閉じたりする。

だいたいヤギやウシのように草を食っている動物は、昼間起きているときは、大量の草を食うのに夢中になっている。草は動かないから、目で見て狙いを定める必要はない。草の存在が見えていればよい。彼らの目は「見る」ためというよりは、「見える」ためにあるのだ。

ヨーロッパ語系のことばで英語の see にあたる語は、このへんの事情によく対応した意味をもっている。英語の先生がいつも教えてくれたとおり、see は「見る」と訳すより「見える」と訳したほうがあたっている場合が多い。"You see?" は「あなたは見るか?」ではなくて、「見えますか？」「わかりますか？」である。これは動物に対してもそのままあてはまる。

しっぽ

昔、日本からヨーロッパ行きの飛行機は「北極航路」を通った。まず太平洋を東へ向かって飛び、約十時間後にアラスカのアンカレージに着陸する。日付変更線を越えるから、日本を夕方おそくに発《た》ったのに、アンカレージに着くのはその同じ日の朝九時とか十時ごろである。

給油ののちアンカレージを飛び立った飛行機は、一路北へ向かい、北極を飛びこえてやがてグリーンランドとスカンジナヴィア半島の間を南下する。そしてたった七時間ほどの飛行の間に朝の残りと昼、午後、夕方、そして夜を経過して、翌日の早朝六時ごろにロンドンかパリに着く。これは北極航路開発以前の南回り航路でも、今のシベリア経由の航路でも味わえないふしぎな時間感覚であった。

それはともかく、アンカレージ空港の待合室には巨大なシロクマ（ホッキョクグマ）の剥《はく》製《せい》が立っていた。もうはっきりおぼえていないが、一九〇〇何年かにこの近くで狩りとられたもので、立った高さは何メートル、体重何トンとかいう説明がついていた。その大きさを誇示するためか、剝製はクマが全身で立った姿勢になっており、旅行者たちは一様にその大きさに驚嘆した。こんなのに出会ったらもう助からないな、みな口々にそういっていた。

ところがである。ぼくはこの巨大なシロクマの立像を裏側から見ることによって、じつにこっけいなものを発見してしまった。立った高さ三メートル余り、見上げんばかりのシロクマのうしろ側にまわりこんでみると、なんとその巨大な尻《しり》のまん中に、ちょこんと小さなしっぽがついているではないか！　長さは十センチかせいぜい二十センチ、ころんとかわいらしく丸っこい！

気がついてみたら、それまでシロクマのしっぽなんて考えてみたこともなかった。ネコといえばすぐしっぽを連想するけれど、「クマのしっぽ」なんて思ってみたこともない。そうか、哺乳類である以上、クマにもやっぱりしっぽがあったのか！

だけど、このしっぽをシロクマは何に使っているのだろう？　動物の本を見ると、しっぽの使い途《みち》がいろいろ書いてある。しっぽで木にぶらさがるオマキザル。飛びながらしっぽで舵《かじ》をとるムササビ。長いフサフサした毛の生えたしっぽを、体と同じかそれ以上に思いきりふくらませて敵を脅かすジリス。しっぽで毛布がわりに体を包んで冬眠するリスやヤマネ。だけど、この小さくてかわいらしいしっぽを、シロクマは何に使うのだろう？　ツキノワグマやヒグマにもしっぽはあるはずだ。きっとシロクマと同じように、小さくてかわいらしいしっぽにちがいない。手元にある本を調べてみても、クマのしっぽの働きについては何も書いてなかった。

さっきぼくはついうっかりと、「哺乳類《ほにゅう》である以上、クマにもやっぱりしっぽがあった」と書いてしまったが、これは大変に軽率なことであった。哺乳類なのにまったくしっぽのない動物もいるのである。それはわれわれ人間だ。そして、ゴリラ、チンパンジーといった類人猿だ。

動物学的にいえば、人間は類人猿の一種である。ただし、正式の動物学用語を使うなら、人間と類人猿は霊長類の類人類に属するとされる。

類人類のいちばん大きな特徴は、少なくとも外見上は尾がまったくないことだ。だから類人類をサルとして呼ぶときは「無尾類」という。「しっぽを出す」とか「しっぽをつかまれる」という表現は、人間についてもっとも多く使われるが、本来無尾猿である人間には適用できないものなのである。

けれどやっぱり、「しっぽ」という概念は哺乳類と結びついている。しっぽというのは、体の肛門《こうもん》からうしろの部分である。このように一般的に定義すれば、魚にもヘビにもしっぽはある。でも魚や爬虫類《はちゅう》では、体は後方に向かってしだいに細くなっていく。どこからがほんとのしっぽかよくわからない。

けれど、哺乳類のしっぽは明らかに胴体と区別され、まごうかたなき「しっぽ」という形をとっている。ネコのしっぽを見たときに、ここは肛門よりうしろにあるからしっぽだろう、なんて考える必要はない。何が何でもそれはしっぽだ！

ただし、同じ哺乳類でもカンガルーなどの有袋類になると、少し様子がちがう。有袋類の体は後方へ向かって少しずつ細くなっていって、胴体としっぽの区別が明瞭《めいりょう》でない。カンガルーの写真を見直してみると、このことがよくわかる。だから有袋類は今なお「爬虫類的」な特徴を残しており、したがって「原始的」だという人もある。

いずれにせよ、哺乳類のしっぽとは、見れば見るほどおもしろいものだ。体の一部でありながら、胴体とは完全に独立した存在のようにみえる。


いや実際に、しっぽは胴体とは独立して動いている。ネコがのんびり寝そべって、いかにもリラックスしているようにみえるとき、動いているものが二つある。耳としっぽである。

ネコが眠りこんでいても、耳だけはちゃんと起きて働いている。何か不審な物音でもしようものなら、とたんに耳がピクリと動いて、その方向をキャッチし、何の音かを確かめる。

それが怪しい音であったら、ネコは緊張する。すると、しっぽがピクリと動く。なおその状態が続くと、しっぽのピクピクいう動きははげしくなる。これはネコの不安を示している。しっぽをピクピク動かしているネコは、けっしてリラックスしてはいない。もちろん、ネコは自分が不安であることを示すためにしっぽを動かしているのではない。しっぽが勝手に動いてしまうのである。

とはいえネコは、自分のしっぽの状態をちゃんと意識しているようにもみえる。寝ころがって半ば眠っている母ネコは、子ネコが自分のしっぽにじゃれつくと、しっぽを動かす。子ネコが自分のしっぽで遊びたがっていることを察知して、動かしてやっているとしか思えない。しっぽはやはり自分を表現するものなのだ。

うしろと前のとらえ方

映画「第三の男」のラストシーンでは、遠くまでつづく並木道を、女が歩いてゆく。そのイメージが今でも忘れられずにいる。ずっと昔のチャップリンにもそういうラストシーンがあった。それはあの暗い大恐慌のアメリカながら、何か先の希望を思わせるものだった。聞くところによると、映画のラストシーンにうしろ姿をもってきたのは、チャップリンのこの作品がはじめてだそうである。ぼくは映画にはおよそ詳しくないからこの話の真偽のほどは知らないが、いずれにせよ人間のうしろ姿にはその人のすべてを示すものがあるらしい。過去も栄光も寂しさも、そしてその人の未来すら、そのうしろ姿に現れているような気がして、見る人に一抹の思いを抱かせるのだ。

人間以外の動物たちでは少し様子がちがうような気がする。ふつう、動物たちのうしろ姿は、そんな思いよりははるかに信号的なものである。

サルでも類人猿でも、メスのお尻のうしろ姿は強烈な性的信号である。発情してオスを誘いたい時期のメスの尻はふだんよりもっと赤くなり、「あたしは今、発情中よ」ということをあたりに示すという。

直立二足歩行をして前向きに対面することになったわれわれ人間では、いつもうしろを向いている尻はこの重要な信号機能を失ってしまった。そこでオスと対面したとき、前に向けて性的な信号を発するために、人間のメスは乳房を大きくして、尻を擬態することにした。有名なデズモンド・モリスの説である。こちらを向いて豊かな胸を誇らしげに見せる女は、サルでいえばうしろ姿を誇っていることになる。

けれどそのようになってしまった人間でも、うしろ姿はいぜんとして性的信号の意味をもっている。うしろ姿の女の腰つきは、やはり女であることをありありと示すものであるし、細くくびれたウェストは大きな腰を強調する。女たちがウェストを気にするのも当然なのだ。

うしろ姿というのは必ずしも性的な意味ばかりをもっているのではない。逃げていくシカの群れは、それぞれが前のシカのうしろ姿、とくにその尾の白い斑点《はんてん》を目印にしてあとをついていくというし、ヒキガエルの仲間にはお尻に目玉のようなもようをもっていて、敵に襲われるといきなりうしろ足を踏んばって尻を高く上げ、これ見よがしにその目玉もようを誇示して敵を威嚇するものがいる。前から見たらただのカエルだが、うしろ姿はおそろしい目をむいた怪物になるというわけだ。

その一方、アザラシたちは、自分の前を泳いで逃げてゆく魚たちのうしろ姿を目印にして、獲物である魚を捕らえる。左右に振れる尾びれが魚であることの信号になっているのだ。このことに気づいたヨーロッパのある動物園では、死んだ魚を手で動かし、尾びれをひらつかせることによって、餌《えさ》を食べないアザラシの子の給餌《きゅうじ》にやっと成功したという。

しかしうしろ姿がまず第一に性的信号であるというのはまちがいない。いうまでもないことだが、うしろ姿とは攻撃的なものではない。相手にうしろを見せているか、相手から遠ざかっていくときにしか示されないものだからである。だから多くの動物で、うしろ姿が性的信号を含むようになったのだ。

オスがメスを得ようとして近づいたとき、メスがいきなりオスに面と向かったら、それは攻撃である。少なくともオスに対する許諾の表現にはならない。そのオスを受け入れてもよいと思ったメスは、オスにうしろ姿を見せる必要がある。

その意味で、相手が「こっちを向いて」くれなければ何ごとも始まらない人間という動物は、かなり変わった性質をもっているのかもしれないという気もする。

けれどちょっと考えてみればわかるとおり、これはあまりにも単純化した発想だ。「うしろ姿が好き」というのはすぐれて女の感覚のように思える。女は男のうしろ姿を見て、そこに男を感じ、さらにその男のさまざまなものを感じて、ふっと好きになる。けれどそうなったら、その次にはその男が自分のほうを向いてくれねば困る。いつまでもうしろ姿ばかり見せているのだったら、どうにもならないからである。

これはほかの動物たちでも同じことだ。性的信号であるうしろ姿に感じたオスが、自分に向かってきてくれねば話は始まらないからである。そしてそこでメスはそのオスをしかと評価し、受け入れようと思ったら、またうしろ姿を見せるのだ。

人間の男も女のうしろ姿に魅《ひ》かれる。その女っぽいプロポーションに反応して、近づいていく。そのあとは今述べたのと同じことだ。

けれど人間ではほかの多くの動物と異なることが二つある。一つは最終的な段階が前向きの対面状態での選択という形をとることであり、もう一つは、ほかの動物におけるようにメスが一方的にオスを評価するのでなく、オスもメスを評価するということである。

第一のことは、人間がほかの動物と異なって直立二足歩行動物であるという理由によって起こるのだが、第二のことは人間がほとんど一夫多妻でなく一夫一妻であることによっている。

動物たちの多くは一夫多妻的であり、それにはそれなりの理由があるのだが、中には一夫一妻の動物もいる。そのような一夫一妻の動物では、メスがオスを選ぶだけでなく、オスもメスを選ぶのである。

このオスがメスを選ぶ段階で、人間では女の胸というほかの動物にはない性的信号がかなり大きな役割を果たす。そして顔立ちとか容姿というものも重要な意味をもつことになる。なぜそういうことになっているのか、その進化的な理由はよくわからない。

いずれにせよ「うしろ姿が好き」というのはなかなか詩的な味わいをもったことばだが、よく考えてみるとそれほど詩的なものでもないのかもしれない。

超個体

かつて、アリやミツバチやシロアリは「超個体」であるといわれた。

もちろん一匹一匹のアリやシロアリが「超人」ならぬ超個体であるというのではない。一つの巣（コロニー）全体が超個体だというのである。

歩きまわっている一匹のアリや、花で蜜《みつ》や花粉を集めている一匹のミツバチは、われわれには明らかに一匹の「個体」として認識される。それはどう考えてもそれ以上バラバラには分けられない、まさに個体であるからだ。

ところが、動物学で個体というとき、それはそれ自身で自己保存をし、かつ種族保存にかかわるものと定義されている。

では一匹のアリはどうか？　一匹のアリはたしかに自己保存をしている。食物を見つけて食べ、敵や危険を察知したら逃げ、体の手入れをして自身を清潔に保っている。独立した一つの存在として、ほかの仲間とのコミュニケーションもしている。

けれど種族保存に関してはどうだ？　われわれがふつう目にするのはいわゆる働きアリ、ワーカーである。アリのワーカーは大人のメスであるが、卵巣が退化していて卵は産まない。卵を産んで種族保存をしていくのは女王アリだけで、これは一つのコロニーに一匹しかいない。

けれど女王アリは次から次へと卵は産むが、それを育てあげて一人前のアリにするのはワーカーである。もしワーカーがいなかったら、次の女王も育たないし、その女王に受精するオスアリも育ってこない。そうなったらアリの種族は保存されない。おまけに女王アリはワーカーに育てられなければ成長して女王になれなかったわけだし、女王になったら自分で食物はとれず、すべてワーカーに養ってもらっている。

だから、一匹一匹のアリは、ワーカーであろうと、その一匹だけでは完全な「個体」の定義には当てはまらないのである。ふつうの動物の個体に当たるのは、アリの一つのコロニー全体なのだ。そのコロニーは、一見すると「個体」のように見える一匹一匹から成っていて、それが全体として「個体」の機能を果たしている。だから一つのコロニーは「超個体」なのだ。

この論法はアリばかりでなく、ミツバチにもシロアリにもあてはまる。これらの昆虫では一つ一つのコロニーが一つの超個体なのである。

一方、アリやミツバチのコロニーを人間の社会になぞらえた人々もいた。人間の社会ではさまざまに分業がおこなわれている。アリやミツバチでも同じことだ。アリやシロアリにはコロニー防衛専門の兵隊アリもいる。そして生殖は女王の仕事である。つまりこれらの昆虫では、労働、防衛、そして生殖までが一つのコロニーの中で分業によってなされ、それぞれの職務に応じた階級（カースト）が分化しているのだ。各カーストは文句もいわず忠実にその役割を果たして、自分たちの社会つまりコロニーの維持と繁栄に奉仕しているのだ。人間もそれを見習うべきである！

この見方にはもちろんさまざまな立場からの批判、非難もあったけれど、作家のメーテルリンクのように賞賛を惜しまなかった人もいる。いずれにせよ、これらの昆虫を社会性昆虫と呼ぶことだけは定着した。

しかしそれにしても、これらの昆虫はかなり奇妙である。ワーカーたちはなぜ、性の喜びも知らずに、女王の産んだ卵や幼虫の養育にいそしむのだろうか？

一九六〇年代の終わりごろ、動物行動学の展開によって、われわれの生物観は百八十度変わってしまうことになった。

つまり、それまでのわれわれは、生きものたちはそれぞれ自分の種族維持のために生きているものと、今から思えばはなはだ素朴に信じていた。動物たちが求愛やなわばり闘争や育児に必死の努力を傾けるのも、すべて種族維持のためなのだ。そこには種族をきちんと維持していくためのシステムがある。それぞれの個体はそのシステムのルールを守り、そのきびしい掟《おきて》にそむかぬよう生きている。維持されるべきものは種族（種）であり、個体はそのために努力する。これがわれわれの生物観であった。

ところが一九六〇年代後半から、この見方とは相いれないさまざまな現象がみつかってきた。

そしてぼくが『利己としての死』（弘文堂）で述べているように、それまでとはまったく反対の見方が唱えられはじめた。

つまり、生物は種族のことなど考えておらず、それぞれの個体はそれぞれ自分自身の子孫をできるだけたくさん後代に残そうとして、ときにはきわめて利己的に振る舞っているのだ、というのである。そしてその「結果」として、種族は維持され、より適応した種へと進化もしていくのだ。

個体は種族のために尽くすのではなく、個体は自分のために生き、結果として種族も存続する、というこの見方は、急速に広まっていった。

けれどここに重大な問題が出てきた。それなら、社会性昆虫のワーカーや兵隊はどうなるのだ？　彼らは自分の子孫を残すこともなく、もっぱら種族に奉仕しているだけではないか！

この難問に答えを与えたのが、イギリスのハミルトンであった。

自分自身の子孫というのはつまり、自分の血のつながった子孫、いいかえれば自分の遺伝子を持った子孫ということだ。一つのコロニーの中のワーカーも兵隊も、すべて一匹の女王から生まれた、女王の子である。したがってみな女王の遺伝子を持っている。ハミルトンはこのことを強調したのである。

ワーカーが育てる卵や幼虫は、いうなればそのワーカーの弟妹である。そのワーカーの持っている遺伝子のうちどれか一つに注目したとすると、自分が育てている弟か妹がこの遺伝子を持っている確率は二分の一である。二匹の弟妹を育てあげれば、自分のその遺伝子を持った子を一匹つくったことになる。

自分が自分の子を産んだとしても、その子が自分の遺伝子を持っている確率は同じく二分の一である。だったら自分の子どもでなく、弟妹を育てても同じことになる。社会性昆虫のコロニーでは、女王は何千何万という卵を産む。その中から将来の女王やオスがたくさん生じ、それぞれがまたたくさんの子を産んでいく。それなら自分で子を産むより、何万という弟妹を育ててあげたほうが、自分の遺伝子を持った子孫を、もっとたくさん残せるのではないか？

ややこしいのでここでは省くけれど、ハチやアリでは妹より弟を育てたときは自分の遺伝子を残すうえではほかの動物での場合よりもっと得になる。それでこういう昆虫のやりかたが進化してきたのだ。ハミルトンはこれを数式を用いて見事に説明した。

これが人々を完全に説得して、今では社会性昆虫もなんの問題でも例外でもなくなった。彼らを「超個体」であると考える必要も、もはやない。ワーカーが全体や女王のために身を捨てて奉仕していると考える必要もない。彼らもふつうの虫であった。メーテルリンクの感動も的外れだったわけである。

人間の論理

英語では飛ぶ昆虫を fly という。

それ以外のいわゆる地を這《は》うムシは worm。

この論理をホタルに適用してみよう。ヨーロッパのホタルのオスはいわゆる日本のホタルと同じで飛びながら光るから firefly。しかしこのメスには翅《はね》がなく、幼虫のような姿で地上を歩きまわりながら光る。だからメスは glowworm と呼ばれる。同じ生きものなのに、オスとメスではこんなに名前がちがってくるのだ。

もちろん当のホタルたちにとって、そんなことはどうでもいいことである。人間には人間の、勝手な論理があるということだ。

「分ける」「まとめる」

かつて東大理学部の動物学科に入学したとき、最初の授業は岡徹《おかとおる》先生の講義だった。講義名はたしか「動物学演習」だったと思う。とにかく大学というところに入って初めての講義だったから、かなり緊張しながら先生の入室を待っていた。

いよいよ先生が入ってきて講義が始まった。じつはそれがまったくわからなかったのである。

わからないというのはむずかしかったからではない。話がちょっと進むと、「そのお、ナニしちゃってえ」とか「つまりナニがナンだ」という口調になってしまうので、ナニがナンだかまったくわからなくなるのであった。そのうちに、「ナニがナニしちゃってえ」ということになると、もうお手上げのほかはなかった。

しかしまもなく、動物学演習という表題どおり、「演習」のテーマが与えられた。ぼくのは「カエルとガマ」というものであった。「ノミとシラミ」というテーマをもらった人もいた。とにかくそういうテーマについて、なんでもいいから調べてこい、というわけである。
とにかく、「カエルとガマ」といわれて、ぼくは困惑した。何をどう調べたらよいのだろう?

まず本に当たってみる。日本語の本ではちがいがどうもよくわからない。そこで英語の本や辞典を見る。そこでは二つが厳然と区別されていることがわかった。いつもかならず、frogs and toads、つまりカエルとガマというように書かれているのである。たとえば辞書か教科書で amphibians（両生類）というのをひくと、両生類は有尾類と無尾類に分けられる、とある。そして有尾類は salamander（サンショウウオ）の仲間、無尾類は frogs and toads（カエルとガマ）と書かれている。英語だけでなく、フランス語、ドイツ語、ロシア語をはじめとして、ほかのヨーロッパ語みなしかり。けれど日本語の本では、無尾類はカエルの仲間と書かれているだけだ。

いろいろ調べていくと、frogs（カエル）では胸骨という骨が硬骨でできており、toads（ガマ、正しくはヒキガエル）では、それが軟骨だということがわかった。日本のカエルとガマでもまさにそうなっていることは、解剖してみてよくわかった。

けれど、そんな専門的なことをヨーロッパの人々が知っているとは到底思えない。区別はもっと概念的なものなのである。

よく引き合いに出される英語の bee と wasp もそうである。日本語にはひとまとめにしてハチという概念がある。これは「刺すもの」という概念にほぼひとしい。それを bee と wasp に分ける概念範疇《はんちゅう》は日本語にはない。

そこで日本語では、bee をミツバチとする。しかし昆虫学の専門家は、ミツバチというのは適当ではなく、bee はもっと広くハナバチといえ、という。悲しいことに、日本人はハナバチといわれても何をイメージしてよいか、ほとんどわからないのである。wasp についても同じである。wasp はふつうスズメバチと訳されるが、体長二〜三ミリの wasp もいる。われわれ動物学に携わっているものは、wasp を狩りバチと訳す。花の蜜《みつ》や花粉ではなく、ほかの虫を狩って幼虫の餌《えさ》にするからである。

けれど、wasp でも、幼虫ではなく親バチは、花にやってきて、蜜を吸い蜜を唯一の食物としているものが多い。

日本語ではこれはハナバチであるか狩りバチであるかなど、問題にならない。ハチはハチであり、ハチといえばそれですむ。しかし、英語にもそのほかのヨーロッパ語にも、「ハチ」という概念はなく、日本語の「ハチ」を指そうとすれば、bees and wasps というほかはない。あえていえば、「膜翅類《まくしるい》」(hymenopterans) というべきだろうが、これは日常会話のいいかたではない。

このほかにも、われわれ日本人からみれば、奇妙な分けかたがたくさんある。英語のrabbitとhare、ratとmouse、その他その他。rabbitはアナウサギ、hareはノウサギ、ratはネズミ、mouseはハツカネズミ、と「正しくは」使い分けるが、動物学的な意味でなくて日常的な次元ではどれほど根拠があるだろうか？

ヨーロッパ系の言語でも、けっして動物学的な意味を正しく反映して使い分けているわけではない。

ロシア語にはヘビを指すのにЗмея（ズメーヤ。ローマ字で書けばzmeya）とУдав（ウダーフ。ローマ字で書けばudav）という二つのことばがある。無理に日本語に訳せば、蛇と大蛇であるが、かつて訳したソ連の本に述べられていたちがいは、Удавは獲物に巻きついて絞め殺すが、Змеяはいきなり咬《か》みついて呑《の》みこむとあった。この区別は胸骨が硬骨か軟骨かというカエルとガマの場合よりずっとわかりやすそうであるが、ロシアのヘビ学者に聞いたら、学問的にはそんな区別はないよ、といわれてしまった。

そういえば、高校時代だったか大学時代だったか、たいへん困ったことがあった。理科教育用のスライドを作っている知人から、説明文の英訳を頼まれたのである。当時はアメリカの占領下で、日本人の作る公共的なものはすべて英訳をマッカーサー司令部（いわゆるGH

Q）に提出して審査をうけねばならなかったのだ。英訳そのものはたいして困難ではなかった。困ったのはその題材である。このスライドのストーリーは、一口にイモといってもサツマイモのイモは根であり、ジャガイモのイモは茎である、というものであった。

いくら調べても、日本語の「イモ」にあたる英語はない。「イモにはいろいろなものがあります」という文章を英語でいうことはできなかった。どうごまかしたかは忘れてしまったが、たいへん苦労したことだけはおぼえている。

要するにこれは概念範疇の問題である。どういうカテゴリーでものをまとめるか、分けるかということだ。ときには、どういう基準でそのカテゴリーがきまっているのか、ほとんどわからないことも多い。

英語の worm はなんとなくわかる。細長くぐにゃぐにゃしていて、這ったり歩きまわったりする生きものだ。しかし、一応これに当たると思われる日本語の「ムシ」になると、カテゴリーはずっとぼやけてくる。ヘビもかつてはナガムシとよばれていたそうだから、これもムシなのだ。中国語の「虫」になるともっとわからない。「虹《にじ》」も字のとおり虫になってしまうらしいのだから。

飛ぶものすべてを指すらしい英語の fly は、その点では明確である。ヨーロッパのホタルはオスは日本のゲンジボタル、ヘイケボタルとよく似ていて、飛びながら光る。だからハエとはまったくちがう虫だけれど firefly とよばれている。しかし同じこのホタルのメスは翅がなく、幼虫のような姿をしていて、地上を歩きまわりながら光る。それでメスは glow-worm（光るムシ）とよばれている。

同じ種であるかどうかなどふつうの人々にとってはどうでもいいことなのだ。飛びまわる fly と歩きまわる worm という概念があって、それを現実の虫に当てはめているだけなのである。

奇妙な名前

旧制高校のとき、植物学の先生からリュウグウノオトヒメノモトユイノキリハズシという変わった名の植物があると教わった。「竜宮の乙姫《おとひめ》の元結の切りはずし」という意味である。浅い海に生える草で、幅一センチ、長さ一メートルぐらいの細長い葉で海中にゆらいでいる。別名をアマモというが、コンブやワカメのような海藻ではなく、陸上に生えるふつうの植物の仲間なので、夏になると長い茎を水面まで伸ばして花を咲かす。アマモが群生している場所はアマモ地帯といい、海のいろいろな魚の子が育つかくれがとして大切な場所だ。本来は陸上に生えるべき顕花植物（花を咲かせる植物）が、なぜ海の中へ入っていったのか、そのわけはよくわからない。

ウニやヒトデのような棘皮《きよくひ》動物も、かなり想像を絶する動物である。海底の岩の上をのろのろと動き、手にとると刺《とげ》を動かすから、動物であることはわかる。けれど体には、右も左もなく、典型的なウニやヒトデでは前も後ろもない。

たいていの動物には頭としっぽがあり、体は左右が対称になっている。いわゆる左右相称である。ところが、棘皮動物の体は、ヒトデを見ればわかるように、放射状の形になっている。いわゆる放射相称なのである。

けれど、卵からかえったばかりの小さな子（幼生という）は、ちゃんと左右があって左右相称になっているから、親の体の放射相称はあとからできた二次的な形である。なぜこんなことになっているのか、よくわからない。

でも動物だから、ものを食べる口はある。ところがなんと、この口は体の下面、つまり腹側のまん中にあるのだ。けれど彼らが食べるのは、岩に着いている生きものだから、口がこんなところにあるわけはまあわかる。そして肛門《こうもん》は体のてっぺんにある。

放射状に広がる体には、血管のような管もある。けれどこれは血管ではない。管の中を流れているのは海水だ。海水を外からとりこんで、それがこの管を流れているのである。だから この管は、血管ではなく、水管とよばれる。水管はよく発達していて、全身の皮膚の下に張りめぐらされている。血管系ではなくて、水管系だ。

水管系の入口は体のてっぺんにあり、細かな穴のあいた穿孔《せんこう》板という蓋《ふた》がはまっている。ここから海水を積極的にとりこむのである。穿孔板のおかげで海水は濾《こ》されるから、水管系の中にごみなどが入りこんでくることはない。水管は血管と同じく酸素を運び、栄養を運び、老廃物を運ぶだけでなく、管そのものが収縮して細くなったり拡張して太くなったりできる。ウニはそれで、刺を動かしたり、管足という足を伸ばしたり縮めたりして歩く。水管系の中の海水には、リンパ液のようなものも混じっている。棘皮動物には脳もないし目も鼻もないが、皮膚一面にある小さな感覚器で、光やにおいを感じている。沖縄でサンゴを食べてしまうオニヒトデも、においでサンゴを認識しているのだ。いずれにせよ、われわれとはまったくちがう動物だ。

けれど動物である以上、生きる目的は同じである。自分の子孫をできるだけ多く残すことだ。ふだんは海底のあちこちに散らばって生きている彼らは、月のみちかけや大潮、小潮を手がかりに、一定のときになると同じ場所に集まってくる。管足を伸ばしたり縮めたりして、海底を歩いてくるのだ。そしてある時を期して、いっせいに卵や精子を海水中に放出する。受精卵は海中をただよいながらやがてかえり、幼生は何日かのちに海底に降りて、小さなウニやヒトデに変態する。

人間はやっと大きく育ったウニを捕らえ、海中に放出される寸前の卵のつまった卵巣を食べてしまうのである。

一口に棘皮動物といっても、さまざまなものがいる。ウニはもっとも典型的。そのウニでもブンブクとかカシパンとかよばれる仲間は、これがウニとは思えない姿をしている。ブンブクにもブンブクチャガマとかヒラタブンブクとかオカメブンブクとかたくさんの種類がある。球形で口が下、肛門がてっぺんにあるふつうの「正形」ウニとちがい、ブンブクでは、体が長円形になっていて、前と後ろ、右と左があり、肛門がてっぺんでなく体の後端にある。そのためにブンブク類は「不正形」ウニとよばれる。彼らは自分たちこそ「正形」だと思っているだろうに。異常なものばかりの中では正常が異常になる一つの例かもしれない。

ヒトデと似ているがだいぶちがうのがクモヒトデだ。腕は細く長くてよく動く。中国語ではクモヒトデを蛇尾という。肛門はなく、糞《ふん》というものをしないらしい。クモヒトデの仲間には腕がますます細く長くなり、ぐるぐるからみあっているものもある。テズルモズル（手蔓藻蔓）がそれだ。テズルモズルの腕の複雑な様相には困惑をおぼえてしまう。

言語学の本を読んでいると、フィン・ウゴール語というのがでてくる。英語、ドイツ語、フランス語などとはまったくちがう語族だそうな。いったいどんな言語かと思って、かつてフィンランド語（フィン語）を勉強してみた。

いや、とんでもないことばである。まず、名詞の格が十五もある。主語になる主格、目的語になるときの対格、英語の所有格に近い生格はどのヨーロッパ語にもあるが、それにつづいて態格、分格、転格、内格、出格、入格、面格、離格、向格、欠格、従格、具格の合計十五格。これに単数、複数がある。一つの名詞がなんと三十通りの語尾変化をするわけだ。

教科書の変化表に例としてあげられている語 asia（事柄）は、主格、対格、生格の順に、（単数）asia、asian、asian、asiana、asiaa、asiaksi、asiassa、asiasta、asiaan、asialla、asialta、asialle、asiatta、asioineen、（複数）asiat、asiat、asioiden、asioina、asioita、asioiksi、asioissa、asioista、asioihin、asioilla、asioilta、asioille、asioitta、asioineen、asioin と変化する。もうこれだけでフィンランド語の勉強を放棄したくなった。

けれど、もう少し考えてみた。何格、何格なんていうけれど、これは英語だったらほとんどみんな前置詞＋名詞ですませていることだ。たとえば内格は in asia、出格は from asia、入格は into asia、向格は to asia と同じなのである。同じ人間がしゃべっている言語だから、機能にそれほどちがいがあるはずはない。ちがうのは形だけなのだ。

「開ける」「閉める」

ネコにもいろいろなものがいるものだ。

ぼくの家にいた代々のネコたちの中に、ドアのノブに手先で触れて、「開けてくれ」というネコがいた。

もちろん、四つ足で歩いているふだんの姿勢ではドアノブに手は届かないから、そういうときはうしろ足ですっと立ち上がり、思いきり前足を高く伸ばして、指先でノブに触れるのである。

それを見たぼくらのだれかが、すぐとんでいってドアを開けてやるから、ドアというものはノブに手を触れれば開くものだ、とそのネコは思いこんでいたらしい。

ふしぎなことに、ほかのだれもそれを真似しようとはしなかった。彼らは習慣どおりドアの前にうずくまってじっと待つか、あるいはニャアと鳴いてぼくらの関心をひこうとするだけであった。

ドアノブに触れて開けてもらうネコが、いつ、どのようにして、そのやりかたを思いついたのか、知るよしもない。人間でもいつ、どうしてそんな習慣が身についたのかわからないことが多いのと同じことである。

トイレの洋式便器に座って用を足すネコもいた。座って、といっても、人間用の便器の幅は、ネコには広すぎる。左右に四つ足を踏んばって、ずいぶん不安定な形をとりながら、いつもよりもっとずっとまじめな顔をして便をしていた。

これはぼくらにとっては大変にありがたいことであった。排泄《はいせつ》物はすべて便器の中に落ちて、やたらに床を汚したりしないからである。最後に取手にちょっと手をかけてジャーッと水を流してくれたらいうことはなかったが、さすがにそこまではしてくれなかった。けれど、ある週刊誌の記事には、ちゃんとトイレの水を流すネコのことが載っていた。ぼくはたまたまそれを読んで感心したものである。

しかし、ドアやふすまを器用に手で開けて外に出るネコはたくさんいるが、あとそれをちゃんと閉めていくネコはいない。ずいぶん教えてみたが、おぼえたのは一匹もいなかった。ネコにしてみれば、あとを閉める必要などまったくないのである。

開ける、閉めるということでふと思い出したのは、大昔、アメリカの進駐軍が入ってきて、東京のそこらじゅうにアメリカ兵がいたころの経験である。

彼らは日本人に気やすく道を聞く。行きたい先は東京のどこかだから、当然、日本語の地名である。ところが、それがしばしばよくわからないのである。

たとえば、“デネンチョーフ、where is it?”と聞かれたら、一瞬とまどう。デネンチョーフ？ そんな場所があったかな？

あ、そうか、東横線の田園調布か、と気がついたときはもうおそい。英語もできない奴《やつ》と思われてしまった。

こんなくやしい思いをさせられているうちに、ぼくは日本語とは変わったことばなんだなと気がついた。

たまたま当の田園調布の駅を通ったとき、駅の表示を見たらローマ字でDENENCHOFUと書いてある。これではデネンチョーフになるのも無理はない。

田園調布などというやっかいな名前を引き合いにだすまでもない。そのころ町には「田園」という名の「音楽喫茶」がよくあった。チェーン店だったわけでもないらしいが、とにかく「田園」が多かった。そういえば、田園交響曲がもてはやされていた。敗戦後に「第九」でもないだろうし、「第五」は暗すぎる。人びとは田園ということばに平和の響きを感じていたのかもしれない。

その音楽喫茶「田園」の看板には、Coffee and Music Denen とある。こりゃどう見てもデネンである。ドイツ語をかじった人だったら、デーネンと読むかもしれない。いずれにせよ、デンエンとは読めないはずだ。

けれど日本人はちゃんとデンエンと発音している。ぼくにはそれがふしぎだった。その疑問が解けたのは何年か後のことであった。ぼくはある本屋の店先で、『英独仏露四か国語対照文法』という本をたまたまみつけ、当時としてはかなりの大金を払ってそれを買った。この本からぼくは、それまでには習ったこともなかったじつに多くのことを学んだ。

その一つが［ʔ］という発音記号である。正確にいえば、これは音ではない。「軟口蓋《なんこうがい》を閉じる」という記号である。田園をデンエンと発音するとき、われわれはデンと発音してからいったん口の奥を閉じ、それからエンという音を出している。それでデン―エンという音が出るわけだ。デネンというときや、「うん、それでね」というときには、口の奥を閉じることはない。

つまり、デンエンというときには、いったん口の奥の軟口蓋を閉じているのである。音標文字で書けば［denʔen］、いやもっと正確には［deŋʔen］となる。デネンのときは［denen］である。

ぼくが読んだのは『英独仏露四か国語対照文法』だったから、日本語のデンエンの話は書いてなかった。［ʔ］の例にあがっていたのは、主にドイツ語の発音であった。たとえば英語の endless（終わりのない）にあたるドイツ語の単語は unendlich だ。頭の un- は英語の unlucky の un と同じく否定の意味の接頭語である。end- は Ende（終わり）、lich は英語の -ly の語源にあたる形容詞の語尾。英語に直訳すればさだめし unendly となるだろう。

　この unendlich をドイツ語ではウネントリッヒではなく、ウンエントリッヒと発音する。発音記号で書くならば［unʔentlç］となるのである。［ʔ］についてのこの本の説明を読んで、ぼくはびっくりした。これは日本語のデンエンと同じことではないか！

『英独仏露四か国語対照文法』がぼくにとって大切だったのは、この本がぼくに言語学や音韻論の目を開かせてくれたことである。この本には「この音はこの言語に特有だ」などということはまったく書いてなかった。［ʔ］はドイツ語独特のものではなく、フランス語にも「有音のH」としてあらわれる。よく知られているとおり、フランス語ではHの文字は発音されない。たとえば「男」(homme) はホンムではなくオンムであり、これが定冠詞 le（英語の the）とくっついて「その男」(le homme) となると、それはロンムと発音され、綴《つづ》りまで l'homme になってしまう。

　しかし、ときには有音のHがある。鳥のフクロウを意味する hibou（イブー）に定冠詞がつくと、le hibou（ル・イブー）、発音記号では［leʔibu:］となる。やっかいなことに、H

は「有音」といいながら、実際には無音である。それは、「軟口蓋を閉めよ」と指示しているだけだ。もちろんネコにはけっして理解されることはないだろう。

かわいい？

日本にはじめてのパンダが上野動物園にやってきてまもなく、ぼくも見にいった。その昔、小学校のころ、学生版動物図鑑とやらに「イロワケグマ」として載っていたこの動物を、一目見てみたかったからである。

長い行列に並んで、やっとガラスごしにパンダの素顔が見えたとき、人々はいっせいに「かわいいーっ」と叫んだ。

ほんとにパンダはかわいかった。顔もしぐさも座りかたも、なんともいえぬかわいらしさだった。その後ずっと、ぼくはパンダとはかわいい動物だと思っていた。なんでこんなにかわいい動物ができたのか、とてもふしぎだった。

京都大学に移って二年目だったろうか、当時大学院生の新妻昭夫《にいづまあきお》君が、ふと、「パンダの目つきってどうしてあんなに悪いんでしょうね？」といった。

「え、ほんと？　ぼくはぜんぜん気がつかなかった」「目のまわりが黒くてかわいらしく見えるけど、よく見ると、目そのものはじつにいやらしいですよ」

さっそくいろいろな本でパンダの顔の大うつしを見てみると、新妻君のいうとおりである。どうやらパンダはそのいやらしい目つきを、黒いふちどりで隠しているようなのだ。

それでも世界じゅうでパンダはかわいい動物ということになっている。たしかに美しくてかわいい動物である。けれど自然の中で生きていくためには、かわいいばかりではいられないのである。

これもまた昔のこと、旧ソ連の小学校用動物学の教科書を見て、いささか驚いた。キツネとかクマとか、いろいろな動物が絵入りで説明されている、いわゆる博物学的な本だったが、クマやオオカミはいいとして、リスとウサギの絵を見てびっくりした。

日本でリスとかウサギといえば、典型的な「かわいい」動物である。どんな絵を見ても、思わず撫《な》でたり抱きあげたりしたくなるほどかわいらしく描かれている。

ところがソ連の教科書はまるでちがっていた。草むらの中に座っているノウサギも、木の枝の上を走っているリスも、じつにたくましい。その顔はかわいいという感じではまったくない。撫でようとして手など出そうものなら、いきなりガブッと咬《か》みつかれそうなのである。

けれどぼくはすぐ納得した。これがヨーロッパと日本の文化のちがいなのかもしれないと。

ヨーロッパ文化では、野生の動物はすべて野獣である。人間と同じく、自然と闘いながら懸命に生きているのだ。人間も彼らの敵だ。うっかり近づけば、彼らは自分の身を守るべく攻撃してくるだろう。そうでなければ、彼らは生きていけないのだ。

ヨーロッパ人がかわいがるのはペットである。ペットは人間がかわいがるために作りだしたものだ。これはあくまでかわいがってよい。いや、かわいがってやらねばならない。もしかわいがってやらなかったら、人道に反する。

ヨーロッパの動物観には、キリスト教的といおうか、狩猟民族的といおうか、何かこのようなにおいがある。

日本の文化ではまったくちがう。野生動物であろうと何だろうと、みんなかわいい存在になってしまう。タヌキは信楽焼《しがらき》の酒徳利《さかどっくり》を下げたユーモラスな姿になってしまうし、キツネは明神様の入口におとなしく座っている。さわったら咬みつかれそうだという雰囲気などさらさらない。

山の中の道路には、「動物に注意」の標識がある。ヨーロッパのそれは、野生そのままの動物の姿が描いてある。牛に注意という場合でも、牛はけものらしく堂々とした姿である。ところが日本ではちがう。「サルに注意」という標識には、母ザルが子ザルの手をひいて歩いている絵が描かれている。沖縄のホテルでよく目にする「ハブに注意」の標識ですら、何ともかわいらしいハブがちょろっととぐろを巻いた絵だ。

もちろん現実はそんなものではない。だれもが知っているとおり、サルは人間に危害を加えることがあるし、ハブはそれこそ命取りである。けれど標識にはそのことは示されていない。むしろわざわざかわいらしく描かれているようにさえ思われる。

ヨーロッパの標識にある動物は、すべて車の敵なのだ。「轢《ひ》いてしまったらかわいそう」というのではなく、「そんな動物にぶつかったら車がこわれる、転倒する」という危険な存在なのである。


もちろんヨーロッパでも野生動物がかわいいという感覚はある。パリの肉屋では、牛肉や豚肉と並んで、野生のウサギや鳥も売っている。こんな光景は日本ではまず見られないので、はじめのうちぼくにとっては珍しかった。おもしろいのは、その生きていないウサギや鳥が、いかにも自然の中でうずくまっているような姿で並べられていることだった。

あるときぼくは、パリ大学のぼくの先生の奥さんと当時十八歳のお嬢さんと一緒に、近くの肉屋へ肉を買いにいった。母と娘は、今夜は何にしようかと相談していたが、結局、久しぶりにウサギにしようということになった。

肉屋に入って並んでいる何匹かのウサギを見ながら、二人は、「どれにしよう、これがいいかしら？」と選んでいたが、最後は「ママン、これにしよう、これがいちばんかわいいから」という娘のことばで決まった。

帰る途々《みちみち》、娘はその死んだウサギを抱きしめ、毛皮を撫でながら、かわいい、かわいいを連発していた。

家に帰ってもまだ娘はテーブルに置いたウサギを撫で、「パパ、かわいいウサギでしょ？毛並みがすごくきれい」などといいながらまた抱きあげたりしていた。「さあ、料理にかかりましょ」と奥さんは娘をうながし、キッチンへウサギをもっていく。そして、大きな包丁でウサギの頭をパンと切り落とした。あとは皮を剝《は》ぎ、味つけをしてオーブンに入れる。

夕食のテーブルには、大きな皿に丸ごと、腹這《はらば》いに置かれて四肢を広げたウサギの料理が運ばれてきた。そして、さっき切り落とした頭が、これは毛皮のついたまま、頭の位置に置かれていた。

奥さんはウサギを切りわけて、みんなの皿にとった。お嬢さんはそれを食べながらうれしそうにいった——おいしいウサギ！　ついさっきまでのかわいいウサギは、たちまちにしておいしいウサギに変わってしまったのである。

「かわいい」というのはその実態ではなく、こちらの思い入れにすぎないのだなということを、ぼくはあらためて認識した。

たかがサルか

「人間はサルから進化した?」「とんでもない」というのがダーウィンの進化論を聞いたイギリス人たちの一般的な反応であったらしい。

じつはダーウィンはそういうことはいっていない。彼は人間の起源については、イギリス人らしい慎重さからか、あからさまに述べることを避けていた。

しかし、一般の人々の感覚は、たちまちにしてそれを嗅《か》ぎとった。「私は進化したサルであるよりは、退化した神であるほうがよい」といった人もいるとか。

けれど、「サルが進化して人間になった」といういいかたは、うそではないが必ずしも妥当なものではない。少なくとも、人間の直接の祖先はサルではないのである。

サルというのは英語の monkey に当たる。これはニホンザルとかテングザルとかヒヒとかいう、いわゆる有尾猿である。

有尾猿とはその名のとおり、尾っぽのあるサルである。尾っぽのあるサルはほとんどの大陸にいる。しかし、チンパンジーとかゴリラとかいういわゆる「類人猿」はアフリカとアジアにしかおらず、しかも尾っぽはない。尾っぽの有る無しなどたいしたことはないと思うかもしれないけれど、これはじつは重大なことなのだ。

サルの仲間、つまり霊長類（primates）は、原猿類、真猿類、そして類人類に分けられる。原猿類というのは、キツネザルやアイアイのような連中で、ほかの多くの哺乳《ほにゅう》類と同じく夜行性である。顔も一向にサルらしくない。

真猿類というのはいわゆるサル（monkey）で、ニホンザルやヒヒ、コロブスなどの旧世界ザル（old-world monkeys）と中南米にいるホエザルとかクモザルのような新世界ザル（new-world monkeys）などたくさんの種類がある。原猿類と真猿類には、長いか短いかは別にして、とにかくいずれも尾っぽがある。

ところが、チンパンジー、ゴリラ、オランウータン、テナガザルという類人類には尾っぽはまったくない。チンパンジーにはふつうナミチンパンジーとは別にボノボ（別名ピグミー・チンパンジー）という種類がいるが、ゴリラとオランウータンはそれぞれ一種類しかいない。マウンテンゴリラ、ローランド（low-land gorilla）というのはたぶん品種程度のちがいだろう。テナガザル（ギボン）にはシロテ（白手）テナガザルのほか、かなりたくさんの種類がある。この類人猿は今から少なくとも一千万年ぐらい前に真猿類と分かれ、まったく別の進化の道を歩みはじめた。その結果チンパンジーやゴリラが現れたわけだが、それは今から数百万年前のことだったと考えられている。この仲間の中で人類とみなすべきもの（現在の人間の祖先）が現れたのは、今からせいぜい二百五十万年前だろうとされている。

ということはつまり、尾っぽのあるサルと尾っぽのないサル（英語ではこれをとくに ape という）が分かれたのは一千万年以上前。そしてこの尾っぽのないサルの仲間の中で、チンパンジーやゴリラや、そして人間が現れてきたのだ。

だから、尾っぽのあるいわゆるサル（monkey）はわれわれ人間とはたいへん縁遠い存在である。人間はサルから直接に進化したわけではないのだ。ダーウィンの進化論を聞いてパニックに陥る必要はなかったのである。

逆にいうと、ゴリラやチンパンジーと人間は、同じ仲間どうしである。だから類人猿という名前がつけられたのだ。われわれ人間は類人猿とともに類人類に属しているのである。

霊長類を尾っぽの有る無しで二つに分けたら、尾のある原猿類＋真猿類と、尾のない類人類の二つとなる。人間は尾のないサルの一種なのだ。

ゴリラやチンパンジーのような類人類を、尾のあるサルと一緒にしてサルとよび、「人間とサル」などという人がいるが、これは変だ。人間もゴリラも ape であって monkey ではない。

そして monkey は ape とはまったくといっていいほどちがう動物なのである。イギリスの動物行動学者デズモンド・モリスが人間のことを“The naked ape”とよんだのはこのためである。けれど日本語には ape に当たる適当な語がないためこの本の訳書のタイトルは『裸のサル』とせざるをえなかった（日高敏隆訳『裸のサル』は河出書房から単行本として、角川書店から文庫版として出版されている）。

かつて、当時京大のぼくの研究室の大学院生だった田川純君が、ある女子中学校で生物の非常勤講師をアルバイトでやっていた。彼は尾のあるサルと尾のないサルの話に力を入れ、有尾猿と無尾猿はちがうのだ、ゴリラやチンパンジーのような無尾猿は人間と同じ仲間なのだ、と力説した。

学期末テストで彼は次のような問題を出した——「サルを二つに分けたら何と何になるか？」

当然ながら田川君が期待していた答えは「有尾猿と無尾猿」だった。ところが女の子たちの答案の九十五パーセントには、「オスとメス」と書かれていたのである！

いずれにせよ、サルが哺乳類の中でも人間にいちばん近い仲間であることはたしかである。そのため人間はサルにはいろいろな思い入れがある。サルと、人間を含めた ape との仲間を「霊長類」などと名づけたのもその一例である。

いうまでもなく、霊長類の名は「万物の霊長」からきている。原猿類などには万物の霊長というおもかげはないが、人間もこの仲間に含まれている以上、こういう名がえらばれたのであろう。

霊長類は英語では primates とよばれる。この primate という名がそれなりにまた混乱をひきおこした。

ご存じのとおり、primate とは英国教会の用語では「大主教」を指す。カトリックでは、首座大司教のことである。いずれにせよ、とてつもなく神聖な地位の人であるのにちがいはない。

かつてイギリスだったかアメリカだったかの霊長類学者が、霊長類の繁殖行動を研究してそれを一冊の本にまとめた。題は日本語に訳せば「霊長類の性生活」。けれど原文つまり英語では "The Sexual Life of Primate" つまり「大主教の性生活」! 原稿を渡された出版社の人は、肝をつぶしたという話が伝わっている。

類人類の中からどのようにして人間（人類）が進化してきたかも、昔から関心の的であった。類人類はもともと森の住人である。それがどういうわけか草原に出た。森から追い出されたのか、草原へ進出したのか？ 文学的にいえば、楽園喪失の物語だが、実際にはどのようなことが進行したのか？

類人類の一部でおこったこの「人類化」（ヒト化、英語ではホミニゼーション hominization という）は、今、研究者たちの中心的問題である。ホミニゼーションを掲げた研究会やシンポジウムがしばしば開かれ、熱心な討論がつづけられている。

とにかくサルへの興味はつきない。かつて杉山幸丸《こうまる》氏によって発見されたインドのハヌマンヤセザルの子殺しは、「利己的な遺伝子」論の端緒となった。一方、サルはサル真似はしないし、猿酒もつくらないらしい。サル自体はちっとも変わっていないが、人間のサルへの思い入れは時代とともに変わってゆく。サルたちも大変だろう。

人魚幻想

人魚はずいぶんあちこちにいたらしい。古いところでは紀元前八世紀のものと思われる半人半魚の神、オアンネスの像がバビロニアで出土している。ただしこのオアンネスは、ふつうわれわれが思うような下半身が魚の若い女ではなく、上半身が男、下半身が魚の海の神だそうな。

博物学で有名な荒俣宏《あらまたひろし》氏が書いた平凡社大百科事典の「人魚」の項目を見ると、じつにさまざまな人魚がいて、それらが次々にまた別の姿を生み出していったことがわかる。

ギリシア神話のアフロディーテやローマ神話のヴィーナスは人魚ではないが、これらの原型になったのはギリシアの月の神、アタルガティスであるという。アタルガティスは女だが、魚のえらをもっていた。

ギリシアにはセイレンというのもいた。これは上半身が女、下半身は魚でなく鳥であった。

怪しい歌声で船乗りをひきつけるところは、ローレライにも似ている。セイレンはオデュッセウスを魅惑して海へ引き込もうとしたがうまくいかなかったので、怒って海に身を投じ、魚になってしまったとか。中世ヨーロッパにいた翼をもった人魚のもとはここにあるという。

人魚はヨーロッパ北部にもいろいろいた。それからしだいに、いわゆる「人魚」のイメージができあがっていったらしい。このイメージにもいく通りかあるが、もっとも有名なのはいわゆるマーメイドである。マーメイドとは、海の乙女の意だといわれるが、上半身は美しい若い女、下半身は魚という、典型的な姿をしており、海の岩場に腰かけて、髪をとかしながら歌って、男どもに性的な誘いをかける。

もしその誘いにのったとしても、下半身が魚ではどうしようもないのだが、そこが男たちの幻想を誘ったのであろう。

荒俣氏の記述に従えば、一般に人魚は「地上の人間から魂を譲り受けないかぎり人間になれない」存在と考えられていた。人間になるために一つの方法は人間と結婚することであった。本来は魔性のものが人間との結婚によって人間の姿になるという発想は、洋の東西を問わず、共通に存在しているらしい。西洋のウンディーネやオンディーヌ、アンデルセンの人魚姫、そして日本の鶴女房など、その例はあげればきりがない。

東洋の人魚の姿はヨーロッパのとは少し異なっているようだ。たとえば、中国の人魚は四肢の生えた魚であり、顔や上半身の一部が人間である。そして西洋の人魚に見られるような女の美しい乳房はない。

中国のこのタイプの人魚はほとんどそのまま日本に伝わってきていたようで、平凡社の大百科事典の挿絵にある早大演劇博物館所蔵の「人魚図」（一八〇五年）では、体はまったくの魚であり、顔だけが般若（ハンニャ）に描かれている。般若独特の角まである。

このように世界にたくさんいるさまざまな人魚のもとは、あるときはアザラシだとか、あるいはサメだ、エイだといわれている。近年はもう少し「科学的」になって、ジュゴンとかマナティーのようなカイギュウ（海牛）類ではないかとされている。

ちなみに海牛類（海牛目《もく》）は学術名を sirenia（シレニア）という。siren がギリシア語のセイレンのラテン語形であることはいうまでもない。こんな形でギリシア語のセイレンは、現実の動物であるカイギュウと結びついてしまった。こういう結びつけの多くは、十八世紀、十九世紀の動物学者によっておこなわれたものである。そのころの動物学者は今よりずっと夢の多い想像力をもっていたのであろうか？

それにしても、ジュゴンやマナティーの姿に若くて美しい女の人魚を想《おも》わせるところがあるとはぼくにはどうしても考えられない。

いくら好意的に眺めてみても、若い女のイメージは浮かんでこない。この海獣たちの厚ぼったい唇と口ひげは、ますますもってのほかである。

人魚の海牛起源説にいくばくかでも加担しうるとすれば、それはカイギュウ類のメスの乳首が、イヌやネコやウシなどとはちがって、胸についているということだ。しかもその数は人間と同じく二つしかなく、それが前肢のつけ根にあるのである。

この乳首の位置の特徴は、ゾウとよく似ている。事実、カイギュウ類は、歯の生え方、生え変わり方など多くの点でゾウ類と共通するところをもち、ゾウ類とカイギュウ類は同じ祖先から分かれたものと考えられている。

それはともかく、カイギュウ類のメスが子どもに授乳するときは、上体を半ばおこし、両腕で子どもを抱くこともある。遠くから見たその姿が、子を胸に抱いて乳をふくませている女を彷彿《ほうふつ》させたのかもしれない。けれどカイギュウ類には乳首があるだけで、人間の女のような豊かな乳房はないから、彼らに若い女の胸を見たのは男のイマジネーションだったとしかいえない。

ぼくはずいぶん昔、「怪物グレンデルの由来」という文章を書いたことがある。グレンデルというのは、ご存じのとおり、古代英語で書かれた古いイギリスの叙事詩『ベーオウルフ』に登場する怪物である。

この怪物はどうやらワニのような動物で、水辺に住み、沼地の崖《がけ》の下を住み家《か》としているようである。そして勇士ベーオウルフがこの怪物を退治するのであるが、ぼくにしてみればその物語はどうでもよく、この怪物グレンデルがどんな動物から想像されたものなのか、ということが気になったのであった。

いろいろと考えたあげく、ぼくが到達した結論は、それはナイル川のワニではなかったか、というものであった。ベーオウルフが書かれたのは紀元八世紀ごろとされている。当然、この時代の人々は、ギリシア・ローマ時代からのナイルのワニの話を聞いていたはずだ。それが修飾されて北にまで達し、北欧やイングランドの暗い沼地に住みつくことになったとき、それがグレンデルという姿になったのではないだろうか？

これはまちがった推理ではないと、ぼくは今でも思っている。

けれど今、人魚の由来を見てくるにつれて、ぼくはかなりゆらいでいる。それは、ものがあってそれがことばを生みだすのではなく、概念があってそれがことばとしてものに与えられているのだ、というあのソシュールの言語学を思いおこさざるを得なくなったからである。

人魚は、はじめから男たちの幻想の中にあったにちがいない。人魚＝海牛説などというものは、その幻想の源を海牛類に押しつけただけに過ぎないのではないだろうか？

日高敏隆（ひだか・としたか）

1930年生まれ。東京大学理学部動物学科卒。理学博士。東京農工大学教授、京都大学教授、滋賀県立大学学長を経て、現在、総合地球環境学研究所顧問。京都大学名誉教授。専攻は動物行動学。昆虫、魚類、哺乳類などの幅広い研究活動で知られる。著書に『チョウはなぜ飛ぶか』（岩波書店）、『動物にとって社会とはなにか』（講談社）、『ぼくにとっての学校』（講談社）など多数。訳書に『裸のサル』（角川文庫）、『ソロモンの指環』（早川書房）、『利己的な遺伝子』（紀伊國屋書店）など。

本書は「新英語教育」（三友社）1996年1月号から1998年12月号に連載された「動物のコミュニケーション」を再編集し、大幅に加筆したものです。

動物《どうぶつ》の言《い》い分《ぶん》　人間《にんげん》の言《い》い分《ぶん》

日《ひ》高敏隆《だかとしたか》

二〇〇一年五月十日　初版発行
二〇〇八年九月三十日　三版発行

発行者　井上伸一郎
発行所　株式会社角川書店
東京都千代田区富士見二—十三—三
〒一〇二—八〇七八
電話／編集　〇三—三二三八—八五五五

発売元　株式会社角川グループパブリッシング
東京都千代田区富士見二—十三—三
〒一〇二—八一七七
電話／営業　〇三—三二三八—八五二一

http://www.kadokawa.co.jp/

装丁者　緒方修一（ラーフイン・ワークショップ）
編集協力　有限会社本郷プロダクション
印刷所　暁印刷
製本所　BBC

角川oneテーマ21 C-14

© Toshitaka Hidaka 2001 Printed in Japan

ISBN4-04-704032-0 C0240

落丁・乱丁本は角川グループ受注センター読者係宛にお送りください。
送料は小社負担でお取り替えいたします。